A life in light

当光有了形状

Mary Pipher

[美] 玛丽·皮弗 著

李文远 译

文汇出版社

图书在版编目 (CIP) 数据

当光有了形状 /（美）玛丽·皮弗（Mary Pipher）
著；李文远译. — 上海：文汇出版社，2024.7.
ISBN 978-7-5496-4265-6

Ⅰ. B84-49

中国国家版本馆 CIP 数据核字第 20247H6A03 号

上海市版权局著作权合同登记号：图字 09-2024-0433 号

当光有了形状

作　　者 /［美］玛丽·皮弗
译　　者 / 李文远
责任编辑 / 戴　铮
封面设计 / 汤惟惟
版式设计 / 汤惟惟
出版发行 / **文匯**出版社
　　　　　上海市威海路 755 号
　　　　　（邮政编码：200041）
印刷装订 / 上海普顺印刷包装有限公司
经　　销 / 全国新华书店
版　　次 / 2024 年 7 月第 1 版
印　　次 / 2024 年 7 月第 1 次印刷
开　　本 / 720 毫米 × 1020 毫米　1/32
字　　数 / 173 千字
印　　张 / 10.75
书　　号 / ISBN 978-7-5496-4265-6
定　　价 / 59.00 元

谨以本书献给凯特·伊丽莎白·皮弗、克莱尔、艾丹、科尔特兰和奥蒂斯。

　　凯特，你如同阳光，照亮了2020年的整个夏天，并赋予我写这本书的灵感；克莱尔，感谢你在2021年夏天给予我的快乐陪伴；艾丹，谢谢你从科罗拉多州的大学宿舍给我打来电话；科尔特兰和奥蒂斯，在2021年秋天重聚时，我们仍然爱着彼此。

目 录

第八部分 / 智慧之光

序

爱迪生生于1847年，他发明白炽灯泡的时间是1879年10月21日。我出生于1947年10月21日，也就是白炽灯泡问世六十八周年纪念日这天，那一年也是爱迪生一百周年诞辰。我发现这些巧合时已年过四十，但在那之前，我早就对光形成了一种痴迷，而且这种痴迷将伴随我终生。

事实上，我对光的最初记忆来自祖母家门前大树下的婆娑阳光，那是在密苏里州的斯巴达市。姑姑格蕾丝在树下铺好一条毯子，然后把我放在毯子上。我记得阳光穿过飘动的树叶，叶子的颜色不断变化；偶尔，天上出现一片云朵，它投下的阴影覆盖了地面的一切。那时候的我还不会说话，但我知道眼前这一幕很美。

如今，我完全不记得两岁前发生的其他事情了，但此情此景仍历历在目，仿佛就发生在今天早上。就这样，光深深印在了我的脑海里，而那一刻对我后来的人生影响深远。从那时起，斑驳的光线犹如一股神奇的力量，引领着我的好奇心。

如果有云掠过太阳，我就会注意云产生的阴影和太阳黑子。我会停下匆忙的脚步，欣赏草地和鲜花上闪闪发光的露珠、草坪洒水器喷洒出的彩虹，观察光线是如何照射在鸟儿的翅膀或胸口上的。我会注意到阳光洒在我的宠物猫身上，让猫闪闪发光；或者光照在附近的霍尔姆斯湖上，使湖面波光粼粼的。这些细微的光影变化在情感上，甚至精神上影响着我。

每当我游泳时，泳池底部波动的光线让我感到愉悦。当我看到雨点在阳光下飞溅、光线照亮我家门前的走廊时，同样会感到心情畅快。暴风雨来临前，我会入神地看着一束束光柱穿透乌云。旅行时，最让我惊叹的依旧是阳光，比如内布拉斯加州沙山地区（Sandhills）的阳光、阿拉斯加的阳光、旧金山的阳光以及落基山脉前山所有山区城镇的阳光。

读大学和在餐厅兼职做服务员期间，我会尽量避免住在地下室。如果室内没有窗户，我无法在里面待太久。白天，我家的窗帘总是拉起来的。我宁愿在外面铲马粪，也不愿在店里的小隔间或里屋干活。

阳光给我带来力量。童年的夏日里，除睡觉以外的每一刻我都在户外度过。早上，我坐在一棵榆树下，在木板上和泥巴，做馅饼、小饼干和蛋糕。下午和晚上，我去市立游泳池游泳，度过漫长的时间。在泳池里，我会提醒其他小孩留意水面的粼粼波光。

我被各种各样的光吸引——日出时的万丈光芒、日落时的余晖、喷泉中闪烁的光亮、星空下的光，以及天体发出的光。光谱上的任何一种颜色，都让我心花怒放。

我的记忆由光组成。无论是在普拉特河畔寻找羊肚菌，还是听我的外孙科尔特兰演奏音乐，我都把不同特征的光与我经历的事情联系到一起。只要记住这些光所在的场景，我就能讲述自己的故事。

我最喜欢的一个日语单词是"木漏れ日"（罗马音为komorebi），其本义是"从叶隙之间洒落的阳光"。它还有另一个引申义，指对遥远的人、地方或事物略微伤感的思念，或指代人生的无常。斑驳的光线告诉我们，当下的事物会很快消失，没有什么是永恒不变的。

要在黑暗中发现光，我们必须具备韧劲，而韧劲的培养离不开态度、努力和适应环境的技巧。人在一生当中会面临诸多危机，这些危机要求我们学会成长，而唯有与危机作斗争，我们才能定义并塑造自己。

小时候，我努力保持开朗的性格。我希望别人都喜欢我，那些爱我的人以爱沐浴着我。自然和游泳给予我慰藉。我很早就发现了努力工作、助人为乐和救助动物所带来的乐趣。少年时，我学会了处理人际关系的技巧，这些技巧一直陪伴着我。在人生的每一个阶段，我都通过这些技巧来保持头脑冷静和清醒。

我一生深爱着身边的人，也失去过一些挚爱。在我小时候，我父亲到遥远的地方服兵役。他回国后，我又有一年的时间见不到母亲。我二十多岁时，父亲去世；四十多岁时，母亲去世。随着年龄的增长，我失去了很多我所爱的人。

在写《人生下半场最重要的事》这本书期间，我的生活完全沐浴在阳光之中。我的子女皆已成年，他们和我的五个孙辈都住在我家附近。旅行、家人和朋友就是我生活的全部。每到周末，家人、朋友欢聚一堂，我沉浸在现场演奏的音乐中，翩翩起舞。

而如今，这种灿烂的日子已然逝去。曾围绕膝下的孩子们已经长大，或者搬到了加拿大居住。而大流行病让我们的家庭经历了别离的痛苦。

过去几年里，为了让自己快乐起来，我必须学会成长。我利用自己所掌握的所有技能来寻找光明，并学会了探索内心，去寻觅我在这个世界上找不到的爱。我养成了一些新的习惯，对生活又有了新的感悟，更加认清了生活的本质，不再以一厢情愿的方式看待生活。如果说我在前半生学会了建立依恋关系，那么在过去的两年里，我学会了分离。如今，我正努力寻找内心所需要的爱和温暖。

无论处在哪个年龄阶段，我们都会失去一些东西。幼儿园升小学前，不得不跟自己喜爱的老师说再见。又或者，长大后，祖父母逝世。家里养的宠物离世。每一天，我们都要跟昨日的世界告别。

人的年纪增大，失去的东西就会成倍增加。慢慢地，我们可能已经不在职场，亲朋好友也离开了我们，去往另一个世界。如果我们有孩子，他们已经长大，追求着自己的生活。我们别无选择，只能面对人生的无常。

这次新冠肺炎疫情加剧了人们的孤独感和失落感。不过，无论在何种生活环境下，这些情绪都是无法避免的。我们终有一天要向自己所爱的人说再见，但在这之前，我们有机会培养自己的能力，寻找内心之光，并面向超然之光，在痛苦中找到快乐和幸福。当面对失去时，我们可以学会体验一些奇妙的事情，以此恢复平衡。有一种方法能使它成功运行。

我们可以有灵光乍现的体验。在平凡的生活中，某种特征的光能带给我极乐，让自我融入幽深的时间当中。

极乐是一种绝对的状态。我们无法给它评分，仅一次的极乐体验也无法使人感到幸福。如果我们正经历极乐，就可能会拥有最奇妙的体验。在一生中，如果我们能够增强活在当下和专注的能力，就有可能更频繁地体验到极乐，这是一种幸运。在生活里，我们甚至会经常经历顿悟，而曾经不寻常的经历也可能会变成日常体验。

"木漏れ日"一词描述了我们的人生状态：我们沿着一条小路穿过森林，森林中既有阳光，也有阴影。人生旅程充满了失去与重聚、绝望与自救的故事。我们大多数人都会培养出一种特性，让我们在感受悲伤的同时，也心存感激。我们会为破碎的世界而深感悲伤，但依旧品尝着春天的草莓或享受着雨水的气息。我们的心虽然变得支离破碎，但依然能听到红衣凤头鸟的鸣唱，欣赏雷电的光芒。

本书用真实的光和带有隐喻性质的"光"来描述我的经历。作为一名拥有二十五年从业经验的心理治疗师，我为客户记录下超然的体验，并帮助其在通往光明生活的旅程中不断前行。现在，我也希望为我的读者做同样的事情。

作为一名心理治疗师，我常使用几种治疗方法。其中一种是为客户预测积极的结果，因为我们经常能够借此找到想要的东西；另一种方法则是倾听，以寻找客户成长的证据。当我找到这种证据时，就会向客户强化它们的作用，这样，客户就可以看到他们正朝着光前进。无论客户的处境有多痛苦，我总会问他们两个问题：**你从你的经历中学到了什么？ 当你回想起这件事时，是否有任何让你感到自豪的地方？**

对于那些遭受过创伤的人，最后一个问题特别管用。这有助于他们摆脱受害者心态，转而留意自己做过的一些带有英雄主义色彩的小举动。我知道，英雄主义行为是普遍存在的。

我帮助人们讲述更多鼓舞人心的人生故事。没有这些故事，我们就失去了自我。正因为经历过失去和悲伤，我们才变得不快乐。然而，我们都可以学会讲述心理疗愈的故事。人类都是向往阳光的。大多数人只需一点点指引，就可以迈向更有韧劲、与他们关系更密切和更充满阳光的生活。

我希望你经历这样的人生轨迹。我的故事来自每一个普通人，你的故事在细节方面会有所不同，但所有人的故事都离不开这样的主题：寻找应对难题的方法、欣赏美和寻求超越。我们都必须接受人生的无常，并找到方法，在失去和快乐之间求得平衡。让我们一起探索这趟寻光之旅吧。

第一部分

依恋与失去

喷　泉

我五岁那年，家里的情况变得很糟糕。我父亲应征入伍参加朝鲜战争。自1949年秋离家以后，他三年里只回过一次家。那次回家后，母亲就怀上了我的弟弟约翰，而父亲离家时，约翰尚未出生。

父亲偶尔会从韩国给我们寄礼物。我收到过他寄来的一只可可杯，杯子上装饰着雨滴和一把粉红色雨伞。他很细心地把我的名字印在杯内底部和杯身上，以防止别人误用。他还给我寄了一只洋娃娃和一些颜色鲜艳的韩式布料。但说真的，我们姐弟仨几乎已经把父亲忘了。

我母亲名叫艾维斯，这个名字来自拉丁语中的"鸟"或"灵魂"一词。她确实是个情感充沛的人，尽管她唱起歌来嗓音像乌鸦一样低沉沙哑。我父亲名叫弗兰克，人如其名，没有谁比他更真诚、更直接了。[1]我是家里三个孩子中年龄最大的，二弟杰克比我小一岁，三弟约翰当时还是婴儿。母亲在医学院读三年级，需要长时间工作，把我们哄睡觉后，她还要一直学习到深夜。

当时我们拍过一张照片。照片中，我和杰克坐在母亲腿上，看着绘本。杰克穿着一件T恤，衣服实在太小了，他的整个肚子都露了出来。我穿着一件印有"菲茨西蒙斯陆军医院"（Fitzsimons Army Hospital）标志的白色T恤。母亲穿着一件棉质的家居服，头上系着带花卉图案的头巾。她的脸很消瘦，看上去十分疲惫。

母亲清晨出门时常常会说："你们要相亲相爱哟。"很长一段时间里，我们家不停地换女管家，但无论怎么换，她们都达不到母亲的标准。母亲觉得她花钱请来的管家要么太懒，要么不讲卫生，于是很快就把她们解雇了。然而，后来请的管家更不称职。那时我们一家住在科罗拉多州奥罗拉市郊区的一幢小房子里，我和两个弟弟都是被放养长大的。

长大后，我从亲戚们的描述中得知，自己小时候很喜

---

1 英文 frank 有"坦诚的、直率的"之意。——译者注

欢阅读，即使在蹒跚学步的阶段，我也要翻看杂志或图画书才能入睡。我喜欢在破旧的人行道上骑儿童三轮脚踏车，并跟两个弟弟玩捉迷藏。每天晚上，我都在门廊上等着母亲回家。她到家后，我就一直贴在她身边，直到上床睡觉为止。

母亲勇敢、从容且有耐心。但她的工作繁重，空闲时间很少。我每天都渴望见到她。

母亲和我们在一起时，对我们爱护有加，照顾周到。她喜欢烘焙和干针线活。有一次，为了给我庆祝生日，她做了一只巴尔的摩夫人蛋糕[1]。有时候，她开车带我们上山玩耍，在湍急、清澈的小溪旁野餐。我们脱下鞋子，步入清凉的溪水，小心翼翼地在硌脚的岩石上行走，结果还是不小心打滑，跌进水中，被溪流带到下游几米的地方。虽然溪水有点儿冷，但我们所有人都觉得好玩。

大多数娱乐活动的费用很高，我们负担不起。由于当时美国暴发脊髓灰质炎疫情，我们也不敢去公园或参加大

1　巴尔的摩夫人蛋糕（Lady Baltimore cake），一种白色夹层蛋糕，层间涂有白色糖霜和切碎的坚果、糖果或干果。作家欧文·威斯特于1906年在其小说《巴尔的摩夫人》中描述了巴尔的摩夫人蛋糕，此后该蛋糕开始流行起来。——编者注（后文若无特殊说明，则脚注皆为编者注）

喷 泉

型聚会，所以每到周六晚上，就开车去KOA广播站[1]。有天晚上，母亲开车载我们去高地平原看星星，我们偶然发现了这个广播站。杰克注意到一座闪着光的高塔，问我们能不能走近去看看。我们驱车来到塔下，发现了比这座塔更有意思的东西。

广播站前面有一座人工大喷泉，红、黄、蓝三色的彩灯轮番照射在喷泉上。我们一家从雪佛兰车里爬出来，坐在还留有余温的引擎盖上，看着那四处飞溅、颜色不断变幻的水花。

如今，我仍记得这次经历的所有细节。比如，从汽车引擎盖里散发出来的白天的热气，从山上吹来的凉爽微风，弥漫于空气中的山艾树的气味，以及天空中闪闪发光的星星。但是，最让我着迷的还是那座喷泉，光线在水柱中跳舞，溅起红色的浪花，然后浪花又变成了蓝色和黄色。当然，在从一种颜色向另一种颜色变换时，光线中还夹杂着彩虹的色彩。那一瞬间的我忘记了杳无音信的父亲、冷漠的保姆，也忘记了孤独和不安，眼前只有令我眼

1　KOA广播站，一家位于美国科罗拉多州丹佛市的商业调幅广播电台，播报新闻、谈话和体育等一系列节目。

花缭乱的、多彩的光线。

当时的我无法用语言来解释自己对光的痴迷，甚至到现在，我也不确定自己是否找到了合适的辞藻，但这些喷泉的光线是我见过的最美的事物。很长一段时间里，我都会盯着它看。

当然，我的两个弟弟很快就感到厌倦了，他们在停车场里东奔西跑。母亲回到驾驶座上打盹儿。在这方面，她可算得上一位"行家"，因为她这辈子有个习惯：但凡有时间，都要赶紧打个盹儿。

最后，回家的时间到了，我们爬上车准备回家。我闭上眼睛，尝试回忆那些光线。美丽的光抚慰了我的心，把我从平凡的生活带入某种广阔而浩瀚的世界。

如今，光仍然这样影响着我。

见不到母亲的孩子

我读一年级前的那个夏天，父亲从战场回来了。他离开了我们家太久，现在要重新融入这个家。母亲一心扑在医学专业的学习上，在家里，她有自己的做事方式。我们姐弟三人对父亲知之甚少，也不渴望跟他建立亲密关系，因为他可能很快就会再次离我们而去。

我六岁时，已经能够察觉出父母之间的诸多差异。他俩都很聪明，但聪明的方式不同。母亲是一个勤奋的科学工作者，性格沉稳而严肃，与人相处时略显生硬和呆板。她不喜欢我们摸她的脸或头发，也不太懂得用肢体语言表达情感。如今我相信那时候的她患上了自闭症，但以前的人根本不知道这种病症的存在。父亲性格外向，易冲动，潇洒迷人，而且非常健谈。他体形敦实，有一头乌黑的卷发，外表和举止都有点儿像情景喜剧《蜜月期》（*The Honeymooners*）的主演杰基·格利森。父亲常说，他工作是为了生活，而生活是为了娱乐。他可以毫无缘由地举办一场聚会。

他经常制订计划，并尝试新鲜的事物。我记得经常有人问我父亲："弗兰克，你这么急匆匆地要去哪儿？"或者："弗兰克，你能坐下来歇会儿吗？"

他回归我们这个家时，还没有习惯父亲的角色。他之前一直和战友生活在一起，只要有空闲时间，他们就喝酒，打牌，探索驻地的夜生活。在战场上，他担任过随军卫生员，负责把受伤的士兵从战场上救下来，为他们处理伤口。若士兵阵亡，他要收集他们的个人物品，并寄回给他们在国内的家人。

"二战"曾给他造成精神创伤，而残酷的朝鲜战争使他遭受了更大的伤害。"二战"期间，父亲曾在南太平洋的潜艇上服役，在冲绳和菲律宾也当过医务兵。他经历了太多屠杀、死亡、残暴和哀伤。在他所生活的时代，人们不懂得也不被允许讨论自己的情感。

当然，那时候的我对他所遭受的痛苦一无所知，甚至连母亲也从未听说过"创伤后应激障碍"（PTSD）这个概念。我所知道的是，他的脾气不太好，有点暴躁，每天晚上都跟我母亲吵架，经常把她惹哭。

杰克、约翰和我都还没被父亲吼过和骂过，这让我们感到害怕和不安，因为我们无法预测父亲下一步会做些什么。只需要十分钟，他就能让我们所有人哈哈大笑或者痛哭流涕。

我们度过了大约一个月担惊受怕的日子之后，父亲突然宣布，大家要分开一段时间。他要把我最小的弟弟约翰带到科罗拉多州东部，和我们的外祖父母一起住。然后，他会开车把我和杰克送到密苏里州斯巴达市郊外的一间拖车房，就在我姑姑格蕾丝和姑父奥蒂斯的房子后面。斯巴达市郊是父亲长大的地方，而他的大部分亲戚现在仍住在那里。我母亲当时刚怀孕，并且要去丹佛实习。每天晚上，我都跪在自己的小床旁，祈祷我们不用去密苏里州。我请求母亲让我留在她身边，她很难过，但仍语气坚定地说这是不可能的事情。

从那以后，我的记忆变得模糊。我不记得是如何离开母亲，如何跟弟弟约翰告别的，也不记得是如何从科罗拉多州长途跋涉来到密苏里州东南部，更不记得是如何与完全陌生的亲戚重新建立关系的。

我只记得，那间拖车房又小又黑，令我感到不安。我们走上三级摇摇晃晃的台阶，进入一片狭小的区域。那里是厨房也是客厅，只有两扇窗户，其中一扇在水槽上方，只有麦片盒子那么大；另一扇窗户稍大些，在橙色沙发的上方。就在这片区域的旁边，有一间小浴室和通向卧室的过道。卧室里摆着一张床，分上中下三层，父亲睡在最下层，我和杰克睡上面两层。那间卧室犹如一个洞穴，容易让人患上幽闭恐惧症。

每到春秋两季，我和杰克可以到屋外玩耍，但在冬季和天黑后，我们几乎所有时间都得待在屋里。因此，我在生理和心理上都产生了一种反应，我称之为"绵软无力症"，不仅反胃，口干舌燥，而且时常感到悲伤、困惑，心神不宁。

父亲很少在那里住。大多数时候，只有我和杰克躺在床上睡觉或聊天。我们缺乏活力，就像冬眠中的动物。

有时候，父亲回家给我们做晚餐，或者带些食物和日用品给我们。但大多数时候，他都要遵照《退伍军人权利法案》（GI Bill）去斯普林菲尔德上课，很晚都不回来。当他终于回家时，我和杰克有气无力地从床上下来，饥肠辘辘，头昏眼花。父亲有时会带着食物，有时也会两手空空回家。

　　用现在的眼光来看，父亲对我们疏于照顾，可尽管如此，我还是觉得有必要为他辩解一番。当年，他在战场上保住了性命，试图以自己知道的唯一方式去治疗战争留下的精神创伤，那就是和他的好友们喝酒、厮混。对于孩子的需求，他既不理解，也无法共情；他甚至不了解自己。如果他可以做得更好的话，他肯定会那样去做的。我爱我的父亲，尽管那时候的他缺乏责任心，但我知道，他是一个有英雄气概的好男人，只不过无法自始至终都做一个好父亲。

　　每逢周末，父亲就会带我们到他妹妹亨丽埃塔的家串门。亨丽埃塔的儿子史蒂夫比我大六岁，那年他成为我们姐弟俩最好的朋友。史蒂夫是个瘦削的小孩，留着平头，话不多，时常带着羞涩的笑容。他的声音轻柔，态度也很随和，让我和杰克觉得相处起来十分放松。史蒂夫喜欢给我们讲笑话，带我们去钓鱼，并倾听我们的想法。我记得有天下午，我们三个人坐在一棵桑树上吃桑葚。我和杰克向他倾诉我们一肚子的牢骚。史蒂夫又递给我们更多的桑葚，并对我们说："一切都会好起来的，你们的生活一定会越来越好。"

父亲偶尔会开车带我们去祖母格莱西的家里玩。她很喜欢我们，给我们做大餐，而且总少不了饼干和肉卤。祖母和父亲两人喝着咖啡，抽着烟，一直聊到深夜。我和杰克可以步行到斯巴达市中心，观赏商店橱窗里的商品，或者在高速公路旁的加油站买一根糖果棒或一罐饮料。

我的外曾祖母，也就是祖母格莱西的母亲姓李，她俩住在一起。外曾祖母患有类风湿性关节炎。格莱西的房子很小，客厅没有窗户，外曾祖母就躺在客厅那张坐卧两用的沙发上，从来没有下过床。我和杰克不喜欢外曾祖母，因为她总是使唤我们做事。如果我们不按她说的去做，她就会生气，冲我们大喊大叫。大多数时候，我们就待在阳光明媚的厨房里，那里有柴火炉子、大桌子，还有从室外储水箱里取出来的水泵。

每个工作日的早上，都有一辆公交车在奥蒂斯姑父家的邮箱前停下来，我和杰克坐车去学校上课。我们穿着不合身的破旧衣服，社交能力也同那身衣服一样拙劣不堪。我喜欢学校，因为那里有各种鲜艳的色彩、书籍和活动。教室里放着一架钢琴，有一天，我和一个男孩一起弹奏了

《筷子》[1]。弹完后，他亲了我的脸。这让我感到既高兴，又兴奋。他是个可爱的男孩，害羞且有礼貌。我把他当成了自己的男朋友，尽管我并不知道"男朋友"这个词的含义是什么。但我知道，我交了一位性格温柔的朋友，每当我走进教室，他都会朝我微笑。

还有一天，我们全班同学乘巴士去锡代利亚参观州博览会。我手里有一美元零花钱，但我拿着它把手伸出车窗外，它就被风吹走了。我大哭起来，老师又给了我一美元。毫无疑问，这位善良的老师知道我家生活困难，但她自己可能也没有多余的钱。

22

放学后，我和杰克走进黑暗且凌乱的拖车房，等着父亲回家。有天晚上，家里的食物吃完了，父亲还没有回来。我们屈服于命运，躺在如洞穴般的卧室里，肚子咕咕叫着。正当我们睡着的时候，格蕾丝姑姑敲响了我们家的门，邀请我们到她家去。我们穿过漆黑的草坪，来到她家厨房吃饭。姑姑一家已经吃过晚饭了，她往我们的盘子里

---

1 《筷子》（Chopsticks），原名 "The Celebrated Chop Waltz"，是一首古典名曲，由英国作曲家尤菲米娅·艾伦（Euphemia Allen）于1877年创作。该曲只需左右手各一根手指就能演奏，就如同用筷子弹钢琴，因而被人们称为"筷子"。

堆满了炸鸡、饼干、土豆泥、青豆和培根。我们饿极了，狼吞虎咽地享用着这些美味的食物。

我记得最清楚的是那天晚上格蕾丝姑姑家灯火明亮的厨房。厨房的地上铺着桃红色的瓷砖。厨房没有餐桌，而是摆放着一张铺着闪亮黄色人造革的台子。一切都闪闪发亮，电灯使房间看起来明亮喜悦。格蕾丝姑姑曾多次邀请我们到她家吃饭，但我只记得那个特别的夜晚，那张黄色的台子、爱迪生先生发明的电灯和炸鸡救了我们的命。

夏天的时候，父亲会带我和杰克去钓鱼，采蘑菇，或在克里斯琴县到处找朋友串门。有时候，他开车带我们去詹姆斯河的浅滩，那里到处都是石头。他在河滩上洗车，而我们趁机去寻找大头虾。

有一次，我和杰克被水蛭包围了。当我们从水里走出来时，大腿和肚子上全是一些看上去像巨大紫葡萄的东西。我们问父亲这些是什么，他说是水蛭，我们立刻尖叫起来。我叫得最大声，请父亲帮我把它们弄掉。他点燃打火机，逐个地烧它们，直到它们从我身上掉落下来。那是一次可怕的经历，但父亲表现得沉着冷静。

我们的拖车房里没有电话。我猜母亲给父亲和我们姐弟俩写过信，但我记不清了。我记不得在那漫长的一年里是怎么度过圣诞节和其他节日的。亲戚们对我们很好，但他们大多都有自己忙碌而复杂的生活。如果你问我对那一年有何看法，我只能说：幸好它已经过去了。

与母亲分开的那一年影响了我的人生。从那时起，我就无法忍受封闭或黑暗的地方。拖车房让我产生焦虑感，每当无法与家人或我爱的人保持联系时，我就会变得萎靡不振；而每当我再次遭受年少时的这种精神创伤时，"绵软无力症"就会发作。

与母亲分开的那一年，我的生活基本上被阴暗所笼罩，而光就像一位和蔼的老师出现在了我的面前。我想起性格沉稳、坐在斑驳树影下的表哥史蒂夫，也想起格蕾丝姑姑家厨房里的黄色台子，以及祖母格莱西给予我们的豁达的爱。那一年，我学会了一个活下去的技巧：永远寻找光。

金色光芒

　　六月，学校刚放假。父亲告诉我们，我们要跟母亲、弟弟约翰和刚出生的妹妹托妮团聚了。我至今仍记得，那是春季某个周六的早上。我和杰克穿过草地，来到奥蒂斯姑父的农场蓄水池边。露水在紫色的三叶草和蓝色的亚麻花上晶莹闪烁；在阳光的照射下，蜘蛛网变成了万花筒；鸟儿在歌唱着，似乎和我一样意兴盎然。我和杰克开心地旋转着，叫喊着。很快，我们就能见到家人了，还有一个刚出生的小妹妹。我觉得自己仿佛从一场噩梦中醒来，迎来了清新、明亮的黎明。

　　几天后，父亲带上我和杰克从奥扎克斯出发，开了六个小时的车，抵达堪萨斯州的一座小镇。我们会在那里与家人会合，之后全家人一起前往内布拉斯加州的多切斯特，那里是母亲开启行医生涯的地方。天黑后，父亲、我和杰克到达小镇，镇上所有的商店都关门了。父亲把车停在安静的大街上，点了一支烟。我和杰克饥肠辘辘，但我们不太在意，因为已经习惯饿肚子了，更何况我们正等待和母亲相聚。我们静静地坐在后排座位上。我看着父亲那烧红的烟头，进入了梦乡。

我记得，后来母亲拍着我的肩膀说："玛丽，我回来了。"

我紧紧地拥抱她，感觉十分温暖，仿佛身体里打开了一盏加热灯，那些冻结了一年的"冰霜"开始融化。

我再次见到了母亲和弟弟，这不仅仅是与我所爱之人的团聚，也是我的身体在"冬眠"一年后的苏醒。那一年，我的身体停止了生长，尽可能长时间地睡着。但现在，我走出了"洞穴"，奔向一个更温暖的地方。

我还多了一个小妹妹，她从出生起就和艾格尼丝姨妈住在一起。母亲和弟弟约翰在弗拉格勒接走了托妮。那时她近三个月大，有一双灰色的眼眸、一头淡黄色的头发。她用手抓住我的拇指，拉向她的脸。她是个如此可爱的宝宝，但我的注意力都在母亲身上。

我知道见到母亲令我感到高兴，但我没有想到的是，我们两个会被那辆旧车后座上的金色灯光所围绕。这不是一个比喻。金光是可见的，就像母亲一样真实。我感觉到我的身体内外都散发着这种光。

当我们相互拥抱时，这束金色光芒一直陪伴着我们。半个后座都笼罩在金光之中，我能感受到它的存在以及我的喜悦，但那种感觉我无法理解，也无法描述。那时我不知道的是，这道金色光芒后来将多次出现在我的生活中。

那天晚上，我以为自己已经经历了最艰难的事。但那时我只有六岁，还有很多意想不到的事在前方等着我。

父亲的衬衫

多切斯特是内布拉斯加州的一座城镇，镇上有约四百名居民，其中大多数是捷克人。玛丽斯卡斯、赫尔德瓦斯、沃伦岑斯基斯和泽尔克斯是我二年级的同学，也是我母亲的患者。在我们班上，有四个女孩是两对表姐妹，她们在课间休息时都用捷克语聊天，而我和两个弟弟独自在操场上玩耍。

那一年，父母请了个女管家照顾托妮，她还会给我们烤肉桂卷和馅饼。我每天都能见到父母，而且能和约翰重聚，这让我感到很高兴。老师们把所有我想看的书都借给了我，我一口气读完了《海蒂》（*Heidi*）、《鲍伯西双胞胎》（*Bobbsey Twins*）、《五个小辣椒和他们的成长故事》（*Five Little Peppers and How They Grew*）和《草原上的小木屋》

（*Little House on the Prairie*）。

有一天，我在学校感到肚子痛，便早早请假回了家。管家送我到母亲的单位做检查。母亲摸了摸我的肚子，抽了点儿血，很快就诊断出我得了阑尾炎。下班后，她开车送我去克里特附近的医院接受治疗。

此前我从未生病住院过，所以我觉得很害怕。母亲是医生，医生家属享受住院的优先权，她很快就给我办理好了入院手续。不久，我就躺在一个白色的大房间里，里面有一扇窗户，但窗帘已经被拉上，所以即使开着灯，房间也显得很昏暗。一名护士过来帮我取了尿样，并再次给我抽血。

母亲的科室有急诊病人，需要她赶紧回去接诊。她和我吻别，说会在第二天早上手术结束后来看我。她告诉我要做一个勇敢的女孩，按医生和护士的要求去做。

母亲不在身边，我独自一人躺在病床上。想起第二天的手术我顿时慌了。在我的认知中，动手术就是医生用一把大刀把病人剖开，取出身体的某个器官，然后把创口缝合起来。对于拥有天马行空想象力的八岁小孩来说，这是一幅多么可怕的画面。

我没有带什么书在身边，而且那时候还没有电视或手机。独自面对这一切的我开始胡思乱想，肚子也痛了起来。

终于，一名护士走进病房，告诉我该睡觉了，她要给我打一针，好让我睡着。我突然想到那些被"安乐死"的动物。我知道那位护士没有打算杀我，但我有理由怀疑他们想让我失去知觉，然后把我的衣服脱个精光，再用一把大刀把我的肚子剖开。如果父母在身边陪着我，我也许就可以平静下来，但现实是他们都不在，我很害怕。

我看着护士的眼睛说："不，你不能给我打针。"

她觉得很惊讶，扬起眉毛，向我走过来，但我把她推开了。她尝试安慰和说服我，说我已经是一个大孩子了，但我并不买账。

我说："不不不。"我的身体在发抖，但态度很坚决。

护士离开后，带着我母亲的一位同事回来了。我跟他不是很熟，但他很和蔼地跟我打招呼。

"小姑娘，"他说，"我听说你不肯打针，这是怎么回事呢？"

我的身体开始颤抖，但我还是重申不想打针。医生的脸涨得通红，下巴紧绷，郑重地说道："我要注射药了。护士，按住她。"

不知怎么地，他们两人让我陷入一种无助的境地。

当医生拿着注射器走过来时，我犹如惊弓之鸟，咬了他的手臂。

他猝不及防，大声地叫了起来，针扎到了他身上。

我四肢无力，瘫倒在床上。慢慢地，我意识到自己做了些什么。我简直不敢相信自己会这样做。我是一个十分温顺的孩子，甚至连一只虫子都从没想过去伤害。我把头埋进枕头里，不想让医生看到我在哭泣。

医生气得声音都嘶哑了，他一边朝门口走去，一边对我说："我要把这事告诉你母亲。"

第二天早上，我刚醒来，一名护士就来测我的脉搏和体温。我问她今天是周几。

她说："今天是周四，你的手术很顺利。躺在床上多休息，等我们有空再扶你起床。"

护士离开后，我又睡着了。当我再次醒来时，全家人都挤进了病房。托妮在母亲的怀抱里露出微笑；约翰吮吸着拇指，他的T恤穿反了；瘦削的杰克看到我平安无事，高兴地笑了。

护士早早拉开了窗帘，室内充满阳光。那天，我父亲穿着一件白衬衫，在阳光下闪闪发光。真的是闪闪发光。

他递给我一盒葡萄口味的冰棒，告诉我只能吃一根。

两个弟弟像小鸟啄食似的亲吻我的脸颊。我舔着美味的冰棒，听父亲给我们讲笑话，我们都笑了。大笑拉扯到了伤口，让我感觉很痛。听完第一个笑话之后，我就捂住了肚子。

母亲穿着白大褂，戴着听诊器。她不想吃冰棒，只看着我们吃，并朝我父亲大笑。他讲的笑话可能真的很好笑。

当房间只剩我和母亲时，她平静地对我说："医生告诉我，你咬了他。"她顿了顿，摇摇头说："玛丽，我对你很失望。"

32

一种羞耻感刺痛了我的身体，我低下了头。母亲的话就是对我最严厉的惩罚。我和母亲分开了一年，那时我觉得是因为自己犯了错，我肯定是做了一件严重的错事，因而被"流放"。从那时起，我就一直害怕犯错或变成一个坏女孩。而现在，我咬了医生，这种行为比我以前做过的任何事情都要恶劣，我感觉自己肯定会被再次"流放"。

母亲默不作声地站在门边，时间似乎过去了很久。我不敢正眼看她。终于，我听到高跟鞋的声音，她朝我走了过来。她来到我的床边，快速地吻了一下我的额头。她很少这样做，我顿时感到自己绷紧的身体放松了下来。她说："今晚我下班后，来接你回家。"

第二部分

成为

水中的光

我读完四年级的那年夏天，全家搬到了内布拉斯加州的比弗城北边，住进一幢绿色的灰泥房子。房子很小，天冷时，我睡在客厅的一张坐卧两用的沙发上；而到了春天和夏天，我就睡在屋外环绕式门廊的一张小床上。

夏天，我喜欢在户外睡觉。在晚上，我能听到土狼的嚎叫声和大角猫头鹰的鸣叫。青蛙在附近农场的池塘里欢快地呱呱叫，蟋蟀和知了在牧场和田野里歌唱。户外比室内凉快得多，我可以看着树枝在风中摇曳，抬头观赏星星。

除了父亲，家里其他人都对新家感到满意。

对父亲来说，比弗城的那段岁月过得很艰难。新家离奥扎克斯的家更远，离我母亲的家更近。因为父亲喜欢说脏话，喝酒，讲黄色笑话，母亲的娘家人看不惯他，他们觉得我母亲不管是性格还是智力，都比父亲优秀。此外，家里的收入主要来自母亲，她在社区里也很有地位。在当时的20世纪50年代，父亲为此感到羞愧，他发誓，绝不会在我母亲所在的医院工作。为此，他甘愿开车前往离家一百多公里的地方上班，在实验室里做技术员。

由于母亲工作忙，我们兄弟姐妹几个平时没得到很好的照顾，像一群野孩子，家里被搞得乱糟糟的，这让父亲很不满。有一阵子，他在四十公里外堪萨斯州诺顿市的一家肺结核疗养院工作。工作日的时候，父亲都在疗养院过夜，只有周末才回家。他一回家就喝龙舌兰酒，和母亲吵架，还对我们几个孩子大嚷大叫："该死的，你们到底做了些什么？屁股挪开，把这里收拾干净！"

我的朋友们跟我说，他们很怕我父亲。他对我很宽容，但对我的弟弟们很严厉。我偶尔为弟弟们求情，求父亲不要骂他们，父亲有时候也会听我的。

有天晚上，我正坐在沙发上看书，父母突然在厨房里吵了起来。父亲喝醉了，说话含糊不清。他站在灶台附近，母亲站在对面的冰箱旁。他大声斥责母亲，母亲只是轻声地为自己辩解。她从来不对任何人大声说话。

父亲变得越来越激动，我发觉母亲很害怕，她一动不动地站着，不再说话。我感到心跳开始加速，脸部肌肉紧绷。最后，父亲拿起一只很大的铸铁煎锅，扔向站在厨房那头的母亲。煎锅"嗖"地飞了过去，差点砸中她的脑袋，把她的短发弄乱了。当沉重的煎锅"砰"的一声掉落在地板上时，他俩面面相觑，瞪着眼睛，说不出话来。我们都知道，他差点杀了她。有那么一会儿，我感觉身体似乎都被冻住了。所有人都待在原地不动，仿佛时间停止了。

他们回过神来，停止了争吵。父亲从后门离开了，母亲打扫完厨房便上床睡觉了。她自始至终没看过我一眼，也许她不知道该说些什么，所以什么都没说。我在黑暗中久久不能入眠，脑子转个不停，等待着我的身体"解冻"。

游泳是我调节心理的方法。家附近的游泳池从阵亡将士纪念日一直开放到劳动节[1]。一大早，我和两个弟弟就去上游泳课了。泳池里的水通常很暖和，但水池外很冷。老师要求学生们按顺序依次展示自由泳或仰泳动作，我们站在泳池边时冷得瑟瑟发抖。太阳升起后，我们开始热身，泳池的水闪耀着宝蓝色的光；到了下午，它变成了碧绿色；而到了晚

---

1 阵亡将士纪念日是每年五月的最后一个星期一；美国劳动节是每年九月的第一个星期一。

上，在灯光的照耀下，它又变成了知更鸟蛋的那种蓝。

只要游泳池开门，我和两个弟弟整个下午就在那里玩耍，一直玩到晚饭时间。就连吃饭的时候，我们也一直穿着泳衣。我们经常在家里吃饱饭后，骑着自行车又回到泳池，一直玩到关门。我们还觉得玩不够似的，幻想着几个小时后再偷偷溜进泳池游泳。

每年夏天，我的皮肤都会变成古铜色，长发变成浅黄色，还带点浅浅的绿色，而且有点儿黏滑，这是含氯的泳池水造成的。

我们几个孩子在下午练习潜水，打水仗，比赛游泳。我们还会比谁在水里憋气或在水面漂浮的时间最长；或者一边蹚着水，一边聊天。我们女孩子偶尔会享受日光浴，男孩们乐于向我们炫耀身材。但大部分时间我都是在水里的。

那时候，我没有戴泳镜。当我潜到水下时，有时会睁开眼睛，朝天空的方向看。阳光照进水中，像一朵呼啦圈大小的向日葵映在我身上。这亮闪闪的光让我陷入一种美妙而恍惚的状态。我感受到了深深的爱、幸福和安全感。

阳光和凉爽而清澈的水让我感到快乐，充满希望，游泳为我的身体注入了活力。水是我的灵丹妙药，它治好了我的悲伤。阳光晒干了我的眼泪。

挚　友

比弗城让我的生活上了一个台阶。我和家附近的孩子们玩到了一起，还交了个叫珍妮的朋友，她父亲是我们镇报社的编辑。她的家是一幢三层楼的房子，带大阳台，和我家相距一个街区。珍妮有一个短鼻子，留着一头浓密的红色卷发，蓝色的眼睛闪闪发亮，一副很淘气的样子。我个子很高，骨瘦如柴，而珍妮个子较矮，肢体柔软，身体曲线很美。尽管如此，我俩在很多方面都非常相似。

我们都喜欢直言不讳，也很固执己见。珍妮是个急性子，而我在情感上很容易受伤，可每当我们争吵时，很快就会和好，因为我们都不想在无趣的事情上浪费时间。

我们经常步行到杂货店买口香糖。我最喜欢"黑杰克"牌的甘草味口香糖，珍妮特别喜欢泡泡糖。我的协调性不太好，不会吹泡泡，所以我很羡慕她有高超的吹泡泡技巧。一个下午，她吹出了一个令人难忘的泡泡，那个泡泡和她的脸一样大！泡泡爆开后，她的头发、睫毛和耳朵上都粘了口香糖。她让我给她拍照，我们都大笑起来，因为她脸上到处都粘着一团团粉红色的泡泡糖，就连卷曲的头发上也有。

　　还有一次，我们在她家冰箱里发现了她父亲喝的"摩根·大卫"牌葡萄酒。我们各自倒了一小杯，然后喝醉了，说起话来含糊不清，倒在地上，又说了些莫名其妙的蠢话，就连我们自己都觉得滑稽可笑。

　　珍妮比我更爱搞恶作剧，但在阅读方面，我比她擅长一些。刚开始的时候，我们都看《达娜女孩》（*Dana Girls*）和《神探南希》（*Nancy Drew*）之类的书，但我的阅读兴趣很快就转向历史、自传和成人小说等领域。到八年级时，我就开始看俄罗斯小说了。我把我的《日瓦戈医生》给她看，还专门给她作了注。我告诉她："不要因为那些冗长的俄罗斯名字和昵称而退缩。这本书值得一看。"

　　大部分时间我们都在珍妮家玩，坐在她的木制滑翔机上，前后摇摆；又或者躺在她家的草地上，白天看阳光和云朵，晚上在闪亮的群星中寻找北斗七星。我们喜欢数流星，还去记那些星座的名称。

冬天，我们躺在她那带有蕾丝边的床单上，谈论我们的学校，描绘我们对未来的梦想。我希望以后住在纽约市，做一名编辑。珍妮的梦想是成为一名像彻丽·艾姆斯一样的护士，到处去旅行。艾姆斯是一个冒险系列读物的女主角，受很多年轻女孩的喜爱。

一天下午，我和珍妮说，我希望我的母亲能像其他母亲一样待在家里，因为家里没有管事的人，而我自己承担了太多照看弟弟妹妹的责任。我从来没有对任何人说过这些话。所以，当我对珍妮说这件事时，浑身都在发抖。珍妮不知道该说什么，但她会倾听，这对我来说更重要。

后来，我们俩都哭了。

每当年轻人问我如何才能度过幸福的一生时，我总会告诉他们："多结交挚友，并和他们保持紧密的联系。"在我后来的人生旅途中，我又结交了更多的挚友。他们给予我支持，给予我快乐，并帮助我定义了自己。我在九岁的时候，就有了一位最好的朋友和知己，她改变了我的人生。我学会了开玩笑，说些不着边际的话，甚至还变得有

点调皮。我的身份仍是一名医生的女儿，生活在一个不寻
常的家庭里。但认识了珍妮之后，我又多了一个新身份：
一个拥有挚友的女孩。

动物伙伴

父母允许我们几个孩子养宠物，只要是我们喜欢的宠物都可以养。父母做决定时，总是随意且迅速，因为母亲忙于工作，总是来去匆匆；而父亲生性冲动，从不担心后果。他们对养宠物这件事的态度就像对待孩子一样——先试试看，不行再说。

我们州举办展会那一年，父亲给我们买了几条变色龙。我对动物学一无所知，但很想拿变色龙做实验。我立刻把变色龙放在我的格子套头衫上，看看它能否同时变成红、绿、黑、白四色。遗憾的是，它没有变色。我还尝试让这只变色龙变成粉红色、蓝色和紫色，把它弄得疲惫不堪。然而，它只能从棕绿色变到绿棕色，这令我失望至极。

有一年，父亲从得克萨斯州帕德里岛开车回家。到了达拉斯，他突发奇想，半路停车买了一只吉娃娃。它的名字叫"精灵罗莎丽塔"。尽管它总喜欢吠叫，长长的指甲能把人抓出血，但我还是把它当成很好的朋友。精灵很喜欢我，我也很喜欢它。我喜欢它水汪汪的黑眼睛总是盯着我看，喜欢用手指抚摸它稍硬的绒毛。无论我走到哪里，精灵都跟在我身边，轻轻拍打我。即使我骑自行车时，它也会尽全力跟上，但它的腿太短了，很难追上我。

有一年夏天，父亲给我买了两只长尾小鹦鹉。一只是蓝色的，我给它起名"厄尼"；另一只是绿色的，我叫它"伊芙"。我很喜欢这两只鸟，就是清洗鸟笼比较麻烦。它们站在我的手指上，竖着小脑袋，听我跟它们说话。然而，我们家没有中央供暖系统，它们住的房间又朝北，所以冬天时那个房间很冷。

一月的某天，我放学回家，走进卧室去看我的小鹦鹉，却发现厄尼和伊芙躺在笼子里，身体像砖头般僵硬。它们的眼睛瞪得很大，翅膀张开，小小的脚趾蜷缩在身体下面。我两手各握一只鹦鹉，想用手心的温度让它们苏醒过来，但为时已晚。我在那间冰冷的房间里不停地哭泣，然后，我和杰克把它们带到屋外，在坚硬的地上挖了一个洞，把它们埋在里面。依恋、失去、悲伤和恢复，是我童年时反复出现的主题。

　　每年春天，父亲都会买十几只兔子放在小巷旁我们旧车棚的笼子里。我和弟弟们给它们起了名字，整个夏天都跟它们一起玩。小兔子是最可爱的动物，它们有着最柔软的耳朵和最温暖的眼睛。我们把它们带到院子里，让它们跳来跳去，吃青草和杂草。中午泳池还没开放的时候，我们会和兔子依偎在树荫下乘凉。

　　然而，到了秋天，父亲就会把兔子从笼子里抓出来，用锤子砸它们的脑袋，然后挂在后院的树上，剥去兔皮，清洗干净，再把兔肉冷冻起来。他第一年这样做的时候，我对此毫无准备，在情感上难以接受。

　　我哭泣着，尖叫着，但父亲没耐心向我解释。弟弟们也很难过，但他们已经学会不哭了。我们恳求父亲放过那些兔子，但他不听我们的。

　　父亲的童年几乎是在饥饿中度过的，对于能吃的动物，他绝对不会心软。他说："如果你想在现实世界中活下来，那你最好坚强一点。"

　　我们几个孩子根本无法阻止一个身高一米八几、意志坚定的成年男人。但冬天的时候，我们都拒绝吃那些兔子肉。

　　那些年里，我们吃过各种各样的动物，包括松鼠、响尾蛇、青蛙腿和甲鱼。父亲很擅长烹饪这些动物，因为那都是他从小吃到大的食物。他还会煮牛肚汤、玉米猪脚粥、脑花舌头杂碎炒鸡蛋以及家畜睾丸。"二战"时，他曾被派驻日本和朝鲜半岛。从那时起，他就喜欢吃韩式烤肉、辛奇、寿喜烧和烤鸡肉串，回国后也常给我们做这些菜。亲戚朋友说，他们每次来我们家都能吃到新奇的食物。

六十年前，内布拉斯加州农村地区的野生动物资源非常丰富。沟渠里到处是蝌蚪和青蛙，无论在黄昏还是黎明，随时都能听到蛙叫声。春天，我们家门口到处是梣叶槭蟒虫，每次从它们中间走过时，我们都不由得心里发毛。到了六月的夜晚，成群的萤火虫飞过我们家的草坪，落在我们的头发和衣服上。

如果我们开车行驶在高速公路或乡村道路上，车的挡风玻璃很快就会被死掉的昆虫覆盖。每隔几分钟，就会有蒲式耳篮子[1]大小的风滚草从路中间滚过，还有长腿大野兔接二连三地跳到我们的车前。我们驾车前往南部的奥扎克斯时，还会在高速公路上看到爬行的龟。那里的野生动物

---

1 蒲式耳篮子，容量为1蒲式耳的圆篮子。在美国，1蒲式耳约等于35.2升。

实在是太多了，我们的车难免会撞到几只。不过，在我们的坚持下，父亲还是会急打方向盘来避开它们。

在从奥扎克斯回家的路上，父亲把车停在了路边，让我们每人挑选一只龟。我们把它们带回内布拉斯加州，当作宠物来养。有一年，我们根据母亲给我们讲的希腊故事，给四只龟分别取名阿喀琉斯、帕里斯、赫克托和安东尼。直到今天，我依然能回想起弟弟们留着平头，光着脚丫，穿着脏兮兮的牛仔裤和T恤衫，在草地上跟着龟一起向前爬的情景。整个夏天，我们都在摆弄那几只龟，不过，等秋天到来时，我们会把它们朝向南方放生，让它们回归自然。

每年春天，我们的邻居阿尔文·罗杰斯都会寻找郊狼的洞穴，抓它们的幼崽，装在篮子里带回家，然后杀掉它们，再将狼耳朵上交到县农业技术指导员那里。我和弟弟们常去罗杰斯家，他有个叫乔莲娜的女儿患有唐氏综合征，从来没有离开过家。母亲每周都会送我们去探望几次乔莲娜，我们给她看我们最近养的小鸡，或者送她一根巧克力奶油冰棒。

春季的某一天，我去探望乔莲娜时，突然听到一些郊狼在嚎叫，而且声音是从后门廊传过来的。阿尔文不想让我看到它们，叫我离门廊远一些，但我先他一步，飞快地穿过大门，来到了后门。后门旁边放着两个篮子，里面满是扭来扭去的郊狼幼崽。我轻轻地抚摸这些幼崽，惊叹于它们的可爱，阿尔文却一反常态，变得不耐烦起来。我追问他打算怎么处置这些幼崽，他不情愿地说他打算把它们的耳朵割下来，拿去换取赏金，每双狼耳朵可以换一美元。

我惊呆了，立刻从他家跑出来，回到自己家。母亲正在厨房里做意大利面酱。我眼泪汪汪地把阿尔文的话告诉了她。她说："罗杰斯先生是个好人，他需要钱。"妈妈给了我和弟弟们每人一美元，这样我们就可以救出三只幼崽。

我和弟弟们低头看着那只篮子，狼崽们在彼此的身上爬来爬去，发出短促的轻轻的叫声，呼唤着它们的母亲。挑选狼崽是件很困难的事，因为我们知道，没有被我们选中的狼崽将难逃一死。不过，我们最终还是每人挑了一只，并把这些扭动的新朋友抱回了家。

郊狼幼崽整个夏天都住在我们家里，我们偶尔带它们出门玩耍。它们把床垫底部的填充物撕咬下来，然后在那里睡觉。我们给它们喂汉堡包和剩下的肉。它们很有趣，但到了秋天便开始变得更有攻击性了。于是我们把狼崽带到比弗溪，让它们回归大自然。放生前，我们给它们留了一斤碎牛肉，希望它们能够在野外生存下来。

我经常在城镇和附近的乡村闲逛。春天的某个下午，在放学回家的路上，我发现路边的排水沟里有一窝松鼠幼崽，其中的两只已经死了，其他都还活着。我决定救它们一命，于是把它们带回了家。这些松鼠都非常小，身上还没长出毛，比我的小手指大不了多少。能够救它们让我感到非常兴奋和开心。我找来一个鞋盒，在里面铺上软布，然后用一块棉布蘸上牛奶，让松鼠幼崽轮流吮吸这块布。我把它们放在加热器旁的架子上，白天每隔一小时左右喂它们一次牛奶。

从那时起，我就暗下决心，要尽力去拯救我发现的每一只动物。

在刮风下雨的日子里，我会在沟渠、排水沟里以及落在地上的树枝下寻找小动物，把它们装在铺满软布的鞋盒里，带回我小小的"宠物医院"。多年来，我救了很多老鼠、负鼠、松鼠和小鸟。我用棉布蘸牛奶来喂养哺乳动物的幼崽，用滴管把薄燕麦片滴到幼鸟嘴里，帮助它们活下来。

我给一只幼鸟起名"玛吉"。玛吉长大后变成了一只优雅的喜鹊。每年夏天，它都会飞回我们家的院子。当我骑车去游泳时，它也会跟着我。它站在高高的栅栏上，看着我和其他孩子一起游泳，然后跟着我回家。

尽管大多数动物的眼睛都是深棕色或黑色的，但它们的眼里闪烁着一种不寻常的光芒。野生动物很少与人类对视，如果你遇到这种情况，不亚于获得了上天赠予的一份大礼。这是一个奇妙的时刻，仿佛人与动物之间已经建立了一种深厚且原始的关系，这种关系超越了人与动物的边界。

我运气不错，多次与野生动物通过对视建立了这种关系，其中有内布拉斯加州森林里的鹿、霍尔姆斯湖附近的郊狼，以及怀俄明州雪山山脉的黄鼠狼。记得那次，我在一片花岗岩地里寻找漂亮的石头，在回家的路上遇到了那只目光炯炯的小黄鼠狼，它正坐在一大块花岗岩上。我停下来与它对视，轻声对它说："你好吗，小家伙？很高兴见到你。我以前从没见过黄鼠狼。"

它一直盯着我看，来回摇晃着尾巴，但并不害怕。它对我的好奇心似乎并不亚于我对它的好奇心。我继续说道："我今天过得很愉快，小朋友。我希望你也是。别担心，我很快就会离开。"

我本想跟它多聊几句，但它把爪子放在嘴上，打了个哈欠。那一刻，它的举止和人类如此相似，我忍不住哈哈大笑起来。它被我的笑声吓了一跳，我们和谐共处的时光也随之结束了。就算到了今天，在我认识的所有人当中，也只有我曾让黄鼠狼产生了无聊的感觉。

今天早上，我从梦乡中醒来，看到我们家车库前的车道上站着一只火狐。我还听到在我家门前松树上安家的大雕鸮发出的叫声。在我写作的时候，我可以看到门廊上的鸽子和灯芯草雀，而我那只年事已高的三花猫格莱茜就躺在我身边，发出"咕噜咕噜"的声音。当它用那双焦糖色的眼睛望着我时，仿佛在提醒着我：我并不孤单。

图书馆

　　比弗城是座不小的城镇，它甚至拥有自己的图书馆，这可是连多切斯特市都没有的"奢侈品"。图书馆位于小镇广场附近，由红砖砌成。如果骑自行车的话，我只需要五分钟就可以从家到达图书馆。

　　来到比弗城之前，我从来没进过图书馆。在我外祖父母居住的弗拉格勒镇，每周五早上都有流动图书馆汽车从镇上经过，我就在那里看书。我和外祖母走进小货车，慢慢穿过里面狭窄的通道，来到两个装有儿童读物的书架前，由她来帮我挑几本书。

　　比弗城是幸运的，它拥有一座真正的图书馆。馆内庄严、肃静，只有轻柔的脚步声和偶尔的低语。图书管理员的桌子上有一盏明亮的白灯；每条过道也都挂着一只光秃秃的灯泡，灯光刚好足以让读者看清楚书的标题；读书桌上的球形灯则溢出一圈圈柠檬色的光。

图书馆里的一切似乎都是神圣的，比如昏暗的灯光、安静的氛围，以及皮革、地板蜡和旧纸张散发出来的气味。图书馆的神圣地位是有明确定义的。卡片式目录放置在两个木架上，读者站在木架前翻看着柔软且褪了色的卡片，偶尔能看到几张新制的卡片，这意味着那是一本新书或很受读者欢迎的旧书。赛珍珠的小说《大地》更换过一张又一张新卡片，这本书一回到书架上，就立刻被镇上的女人借去看了。

在厚重的木桌前，读者们并排而坐。馆藏图书都是按杜威十进制图书分类法摆放的，在过道上，人们很容易就能看到书名，把书取下来再拿到桌子前细细品读。

我们可以在图书馆待上半天时间，看书或者阅读来自奥马哈、堪萨斯城和丹佛的报纸。当时的比弗城还没有电视，也没有太多可以娱乐的地方，所以很多人都把读书作为消遣，尤其是在下雨的午后，图书馆的人络绎不绝。

我最喜欢和最常做的事就是看书。馆藏书的背面都有个鞣革纸夹，里面夹着借阅卡，我可以从借阅记录上看到都有谁读过这本书，以及这本书自购入后被借阅的频率。

我还可以研究每个人的签名，然后用花体字把我的名字写在借阅卡上。

图书管理员谢弗太太身材矮小，衣着整洁。我以为她年纪已经很大了，但实际上只有四十五岁左右。她认识走进图书馆的每一个人，而且总是很有礼貌，工作很专业。有时候，她会说我拿的书太多了，全堆在书桌上；还有些时候，她会向我推荐一些我可能喜欢的书，又或者低声问我是否喜欢某本书。当我离开图书馆时，她会在借阅卡上我的名字旁边盖上还书日期，并微笑着对我说："早点儿来还书，玛丽。我知道你肯定会这样做的。"

走出图书馆时，外面可能阳光灿烂，也可能阴雨绵绵。我怀里抱着一堆"财富"，迫不及待地想回家看个过瘾。

搬到比弗城的第一年，我读遍了图书馆儿童读物区里每一本有趣的书。我对《黑骏马》（*Black Beauty*）中那匹骏马的悲惨遭遇感到愤怒，而《我的朋友弗利卡》（*My Friend Flicka*）中的野马也令我神往。我最喜欢的小说有《小妇人》（*Little Women*）、《布鲁克林有棵树》（*A Tree Grows in Brooklyn*）和《萨拉·克鲁》（*Sara Crewe*）。《萨拉·克鲁》现在被重新命名为《小公主》（*A Little Princess*）。

当时，很多儿童书籍都在教我们如何追求英雄主义。我在书中看到了人们应对逆境并成长为英雄的经历，并深深为之着迷。我阅读了有关海伦·凯勒、亚伯拉罕·林肯、埃莉诺·罗斯福、居里夫人、汤姆·杜利博士（Dr. Tom Dooley）和阿尔伯特·施韦泽博士的书籍，还看过布克·T.华盛顿（Booker T. Washington）的《超越奴役》（*Up from Slavery*）和乔治·华盛顿·卡弗的传记，第一次了解到与种族相关的话题。通过阅读这些书，我对母亲、姨妈和外祖母的谆谆教诲有了更深刻的理解：善良的人应维护他人的利益；最令人满意的工作是致力于一项伟大的事业。

从约翰·根室的诗作《死神莫骄横》（*Death Be Not Proud*）中，我了解到他那从小就患有癌症的儿子是如何勇敢面对死亡的。根室写过很多书，比如《非洲内幕》（*Inside Africa*）和《欧洲内幕》（*Inside Europe*）。他希望美国人能以遥远地区民众的视角来了解这个世界。他的著作给予我指引，让我很受用。我还看了《写给学生的世界地理》（*A Child's Geography of the World*）、《写给学生的世界艺术史》（*A Child's History of Art*）和《写给学生的世界史》（*A Child's History of the World*）。

我的姨妈玛格丽特告诉我，很多人只认识自己的朋友和邻居，但通过阅读，我们能够体验到世界各地成千上万人的生活，了解他们的感受、想法和行为。我渴望这种体验。

阅读为我照亮了一条通往未来的路，我正在构建一种家庭之外的身份认同感。我开始明白这个世界到底有多么广阔、复杂和神奇。

大约就在这段时期，我开始玩一种游戏，并称之为"地球仪游戏"。我先闭上眼睛，转动地球仪，用手指点在地球仪上，再睁开眼睛看那是什么地方。然后，我想象自己身处那个地方。我试着想象当地的树木、天空、鸟儿和水域，想象那里的孩子们穿什么样的衣服，玩什么样的玩具，吃什么样的食物，想象那里的钟声或大人们劳作时的号子声。我渴望长大后环游世界，看遍每一处风景。

在谢弗太太的引导下，我阅读了马克·吐温、查尔斯·狄更斯以及其他很多作家的小说，包括《傲慢与偏见》《战争与和平》以及《悲惨世界》。这些书让我见识到了与我的日常生活截然不同的更广阔的世界，让我对世人的经历也有了更多的认知。我开始明白，很多人小时候都经历过苦难。我并不是孤身一人，而是大多数受苦受难者中的一员。说来也怪，在意识到这一点之后，我心里觉得一下子坦然了。

久而久之，图书馆变成了我的"教堂"，阅读也成为我了解这个世界的方式。我用书籍来塑造自己。

阅读带给我希望，在我最困难的时刻给予我慰藉，让我感受到人类精神的巨大复杂性。这世界有各种各样的光，它们来自天空，来自幸福和令人敬畏的时刻，也来自比弗城图书馆书桌上那柠檬色的光晕。

上门看诊

　　我母亲身材壮实，头发染成了红褐色，肩膀宽厚，还有一双紧实的大长腿。经常有人问她是不是弗兰克·西纳特拉[1]的妹妹，因为无论在人生的哪个阶段，她看起来都很像西纳特拉。母亲喜怒不形于色，但我总能读懂她的眼神，留意到她的嘴唇和下巴紧绷着。

　　她喜欢穿高跟鞋，上身穿一件丝质短衬衫，下身搭配一条合身的长裙，最后在这身优雅的穿搭外面套一件医院的白大褂。她常在脖子上挂一个听诊器，手里拿着一只黑色的医疗包，里面装有洋地黄、吗啡、阿司匹林、血压表

---

[1] 弗兰克·西纳特拉（Frank Sinatra），又译弗兰克·辛纳屈，美国著名歌手、演员、主持人，获格莱美传奇奖、奥斯卡最佳男配角奖和棕榈泉国际电影节终身成就奖。——译者注

袖套、剪刀、绷带、温度计和止血带。

母亲要履行富尔纳斯县医生的一切职责，包括给学生做体检和接种疫苗，负责所有土路赛车和家庭足球比赛的医护工作。她每周都要去县里的各家疗养院巡视，与疗养院的工作人员交谈，检查每一位病人的病情。回到办公室，她还要给病人做扁桃体切除手术、疝气手术、接骨手术，为孕妇接生，给被响尾蛇咬伤的病人吸出蛇毒。根据美国法律，她负责我们县里所有死者的尸检工作。如果县里有人自杀或发生车祸，她要承担法医的角色，陪同警长去查验现场。无论我们县里发生什么事情，我母亲都要去处理。

无论白天还是晚上，我们几个都经常见不到母亲。她可能会在深夜回来睡几个小时，在我们醒来之前又出门了。一些上了年纪的农民常在凌晨四点半打电话给我母亲，对她说："医生，我难受了一整晚，但我怕打扰你休息，所以等到早上才打电话找你。"她只能一笑了之。

我们家客厅旁有一间小小的办公室，即使不是上班时间，母亲也会居家办公，因为病人常在她下班后上门求医。这间小办公室其实就是县里的紧急护理室和急诊室。母亲认为，她有责任照顾我们县的所有居民，无论他们是否有钱看病。我为母亲感到自豪，但也时常因此感到孤单。

我很想她，却并不怨恨她。这是她义不容辞的职责。她不能因为要陪我们过感恩节而眼看着病人的阑尾破裂；也不能以陪孩子玩拼字游戏为由，跟警长说她不能去车祸现场查验尸体。

从读五年级开始，我就在母亲的办公室里帮忙了，帮她给橡胶手套、针头和注射器消毒。只要我没事的时候，她就会开车带我去最近的医院。她几乎每天都要巡视病房，有时甚至一天两次。白天，我留在车里或医院的候诊室里看书。我喜欢去医院的婴儿室，隔着玻璃看一排排的新生儿。晚上，我就睡在车里。母亲下班后把我叫醒，我们一边聊天，一边开车回家。

我还会陪她去农场出诊，这种情况通常发生在老人处于弥留之际而无法行动的时候。母亲会陪着家属坐在患者身边，直到患者去世。那时候，医生没有太多救护措施，只能安慰家属，而这恰恰是他们所需要的。但是，一趟下来也要花好几个小时。

有天下午，我们把车开进了一处农家庭院。这户人家的男主人平时对自己的孩子疏于照顾，孩子们看起来脸色苍白，一脸愁苦，瘦得皮包骨，头发也干枯枯的。孩子的父亲不允许他们接种疫苗，也不允许他们跟其他小孩一起玩耍。我母亲免费给这些孩子看病，她不悦地说："不然的话，他们就得不到任何照顾。"

又一天，那家男主人打电话给母亲叫她到农场去，说他妻子要流产了。当我们到达农场时，周围都是流着口水朝我们咆哮的大狗，它们的表情仿佛是要把我们生吞活剥了。男主人走了出来，把狗呵斥开，然后把它们拴到一根杆子上。我母亲这才敢放心地走进屋里。

"别下车，"她对我说，"那些狗很强壮，能把锁链扯断。"

开车回家的路上，母亲想起那个男人跟她说过的一件事。他说："在我小时候，我想要一条狗，但我父亲不答应，所以我很恨他。现在，我的孩子终于可以养狗了。"

母亲说，在如何成为称职父母这件事上，人们的想法各不相同，父母往往想给孩子他们自己童年缺失的东西，而这些东西却不一定是孩子想要或必需的。这番话让我思考了数日。我的父母认为自己是称职的父母，因为我们衣食无忧，有很多玩具，还可以在商店里买任何想吃的东西。他们带我们去旅行，或者出去吃冰激凌。父母小时候都不曾拥有这一切，我很感激他们给了我们这些，但我更希望母亲能多关心我们，父亲能更冷静地对待我们。我发现，任何孩子都不可能得到自己想要的一切。

有时候，我会跟农场里的一些孩子玩耍。我喜欢在谷仓里玩，这是所有玩乐空间中最令人心情畅快的地方。阳光会透过窗户和缝隙渗进谷仓，就像《侏儒怪》（*Rumpelstiltskin*）故事里的那样，阳光把稻草染成了金色。如果我独自一人被留在车里，常常会带上一本书。车后座放上毯子和枕头，我晚上可以在那里睡觉。母亲看诊回来时，我就会醒来，然后我们在回家的路上聊天。

我喜欢坐车穿行于夜晚的乡间，那里星河璀璨，群星仿佛触手可及，美得摄人心魄。我们经常能看到一些奇妙的景象，比如玉米地里闪闪发亮的萤火虫、一颗从夜空中划过的流星或者缓缓升起的月亮。

乡间的农场分散在广阔的区域，通常我们只能看到谷仓上方以及房屋窗户里透出的一些灯光。这些灯光令人欣慰，它们在提醒我们：虽然我们是广袤大地上微不足道的生物，但我们并不孤单。

在我们开车去医院或上门问诊的路上，母亲给我讲过很多故事，包括她在"黑色风暴"事件[1]和"大萧条"时期

---

[1] "黑色风暴"事件，又名"尘埃碗"事件，是指20世纪30年代美国大平原地区频繁遭受沙尘暴侵袭。

的农场生活。她的父亲是县里最后一个放弃骑马、转而使用拖拉机的人。母亲骑的第一匹马是一匹灰色的马，名叫"费利克斯"，第二匹名叫"火焰"。她骑着马去放牛，手里总拿着一根长长的牛鞭，鞭子的末端绑着约三十厘米长的铁丝。当奔跑中的马突然停下来时，她就知道前面有响尾蛇，然后就会用鞭子把响尾蛇打死。

从母亲那里，我知道了历史上发生过的一些悲惨事件，从玛丽·安托瓦内特[1]、俄国革命到兴登堡[2]，从唐纳大队[3]、"泰坦尼克"号沉没到林德伯格婴儿绑架案[4]。她喜欢那些与"命运"或"天意"有关的概念，并引导我去思考一个问题：如果厄运落在我们身上，我们该如何面对？

她对人们陷入困境时的行为很感兴趣，因为在这种时候，人的本性会表露无遗。

---

1 玛丽·安托瓦内特（Marie Antoinette）是法国国王路易十六的妻子，死于法国大革命。——译者注

2 兴登堡（Hindenburg）是指保罗·冯·兴登堡，德国陆军元帅、政治家、军事家、魏玛共和国的第二任总统。——译者注

3 唐纳大队是19世纪40年代美国的一支移民队伍，因被困雪山而发生了人吃人事件。

4 林德伯格婴儿绑架案是1932年发生在美国的一起著名案件，美国飞行员林德伯格二十个月大的孩子被绑架后遭杀害。——译者注

我们一起从道德层面分析了"泰坦尼克"号或"唐纳大队"中人们所做的选择。母亲总结了很多的经验教训，其中一个就是：无论面对什么样的局面，我们都可以选择行为端正。

我喜欢这些故事。它们促使我思考很多问题。我想知道，我这种性格的人能否经受得住考验？我会表现得很勇敢并做出自我牺牲吗？我的命运又会是怎样的？

我还从我母亲那里学习了医学史。她有一种方法，可以把科学家的故事变成道德教育课。比如，她给我讲了匈牙利医生伊格纳兹·塞梅尔维斯的故事。塞梅尔维斯曾在一家医院工作，那里有很多孕妇在分娩过程中死亡。有一天，塞梅尔维斯注意到医生们离开验尸房后，就直接走进了产房为孕妇接生，于是他建议医生们在接生前先洗手。果然，从那以后，新生儿和孕妇的死亡率下降了。但是，当塞梅尔维斯提及要制定洗手和消毒的流程时，却遭到了同行的嘲笑。他的建议不但没有被接纳，他还因此丢掉了工作，被送进了监狱。他在狱中遭到狱警殴打，八天后溘然而逝。直到五十年后，医学界才接受了他关于医生做手术前必须洗手和清洁的理论。

这个故事的寓意在于，有时候即便你是对的，别人也不会相信你，但如果你知道自己是对的，就要说出真相。

　　母亲还告诉我滴定法的作用。她用洋地黄举例：极少量的洋地黄对治疗心脏疾病有益，但即使只超量了一点点，也可能会置人于死地。她说，我们了解滴定法的作用后，就可以由此推广到生活中——掌握适当的比例才是实现幸福和成功的诀窍。

　　母亲还会和我聊她的病人。我很早就受母亲教育，知道有些事情应该严格保密。在这方面，我从未辜负过她的信任。母亲在讲故事时，会融入一些戏剧张力和与人性相关的经验教训。在故事的最后，她总会紧紧围绕故事主旨提出深刻而令人惊讶的观点。

　　例如，她告诉我，有位老人来到她的办公室，说农作物喷粉机把杀虫剂喷到了他的身上。老人告诉前台接待员，他感到呼吸很困难。前台说，我母亲这会儿正忙着接诊，他得排队等候。尽管他非常难受，但还是静静地等待着。最后，他晕了过去，沾在他身上和衣服上的农药几乎要了他的命。在总结这个故事时母亲说："他很有礼貌，宁愿冒着死亡的危险，也不愿插队。"

　　有一次，一位老农夫带着全家人去医院接种疫苗，他请我母亲帮他填写一份保险单。母亲给了他一份体格检查表，并帮他填好。一个月后，在老农夫的人寿保险申请通过后，他于晚饭后走进谷仓，朝自己的头开了一枪。自那之后，每当有人为购买人寿保险而来体检时，母亲都会询问他们的财务状况，并确认他们是否患有抑郁症。

又有一次，我的母亲给一个受伤的小女孩看病。小女孩的母亲因为生孩子的气，在给她洗头时烫伤了她的头皮。美国直到1962年才颁布禁止虐待儿童的法律，而在20世纪50年代，医生还没有什么办法来应对虐童的行为。事实上，当时很多人都习惯打自己的孩子。我母亲对那个女人的行为几乎无能为力，她只能告诉小女孩，如果再次被威胁或受到伤害，可以来我们家住。

另一个女孩还真的来我们家住了。她叫柏妮丝，不喜欢说话，总是一副忧伤的样子。她和我们一起洗碗、打牌，但很少参加我们的任何家庭活动。从她那蜡黄的皮肤、圆睁的双目和如同受惊之鸟的举止中，我看得出来，她肯定经历过一些不好的事情。当时，母亲并没有把柏妮丝搬来和我们一起住的原因说出来，多年以后母亲才告诉我，柏妮丝被她父亲性侵了。柏妮丝和我们住了几个月，后来她的姨妈从另一个城镇搬了过来跟她一起住。

我母亲在1992年去世了，但直到今天，我仍觉得她还在我的身边。她可能在外出诊，或者在办公室里工作。对我来说，等她回家是件很自然而然的事。她活着的时候经常不在我身边，现在她去世了，却永远陪伴着我。她经常在我的梦中出现，那种感觉不像一场梦，而像是我睡在汽车的后座上，听到车门打开，她轻声说："玛丽，我回来了。"她坐进车里，我们开车路过小农场，看到里面闪烁的灯光，她开始给我讲故事。

讲故事

　　在我们社区的孩子当中，我是年纪最大的那个。社区里有一群六岁到十二岁的孩子，没事就跑来跑去，于是我把他们组织起来，大家一起玩游戏。我还为游戏设计了冒险故事，孩子们扮演自救的孤儿、遭遇飓风的帆船水手、拓荒者或者乡村学校的学生。我总是扮演老师的角色，因为我喜欢给他们做拼字测试和地理小测验。

　　整个夏天，我们都在根据伊恩·塞拉利耶（Ian Serraillier）的小说《银剑》（*The Silver Sword*）来演绎故事。这本书讲述了华沙的三个胆略过人的孩子的故事。纳粹绑架了他们的父母并将其送往工厂工作，三姐弟被遗弃在华沙，姐姐办了一所学校，供两个弟弟和城里无家可归的孩子们读书。

在我们的演绎中，地窖就是被"炸毁"的家园。我扮演老师，而我的弟弟们和邻居家的孩子都扮演我的学生。当我"做饭"或"备课"时，其他人就去觅食或寻找木柴。杰克从附近的树上摘来一些绿苹果，他为自己感到自豪；约翰找到了一些柴火和一只橙色的板条箱，我们把它当饭桌用。我们是有冒险精神的孩子，日复一日地躲避危险的纳粹、地雷和老鼠，在饥寒交迫中生存了下来。我们为自己能够在一场浩劫中互相照顾而感到自豪。

每当我独自玩耍时，我喜欢走在乡间小路上，一边用棍子敲打地面，一边在脑海里构思开心的故事。晾衣服时，我会想象关于袜子夫妇或浴巾和面巾的故事（它们是"母亲"和"孩子"的关系）。洗碗时，我用碗碟和银器来编故事。我真的很喜欢创造这些虚构的世界。

和父母一样，我也喜欢忙个不停。我可以花整整一上午的时间，用泥巴捏出馅饼烘焙店。我缠着母亲下一个大订单，比如三个巧克力馅饼、二十多块燕麦饼干、十多个纸杯蛋糕和两条长面包。我在榆树下用木板和旧炊具搭建了"蓝鸟烘焙店"（Bluebird Bakery），然后在斑驳的树影下开始工作。我照着食谱，用砾石、泥土、小石头、树叶和沙子来调制"配料"，然后用被阳光暴晒过的木板烘烤

"食物"。我会想象自己是聚会和豪华晚宴上的大厨，客人们要享用我烘焙出来的食物。

夏天，我的弟弟们和邻居家的孩子们几乎每个晚上都聚集在我们家，他们躺在草地上，一边看星星，一边听我讲故事。有时候，杰克最好的朋友雷克斯会来我们家，韦恩和利昂娜也一同前来，他们是熨衣女工的孩子，我们的衣服都送到她那里熨烫。来我们家的还有珍妮、迈克和斯派克。迈克和斯派克是双胞胎，他们的父亲正在坐牢，他俩和祖父母住在一起，很少向我们提起自己的父母。不过，斯派克告诉我们，他父亲认识内布拉斯加州的第一个连环杀手查尔斯·斯塔克威瑟。

住在我们家后面的小女孩拉娜也会过来玩。拉娜的想象力不太丰富，但她喜欢我们发明的任何游戏。她的脚是扁平足，她还经常嚼自己的头发。每当她父母摇响牛颈铃时，她就立即起身回家了。拉娜经常在学校遇到麻烦，而她的家人从不去教堂做礼拜——这在我们的小镇上是一种可耻的行为。

我们家在小镇的边上，因此，我们可以清楚地看到西方和北方的天空。那时的天空比现在的黑得多，星星也比现在多。银河系星光熠熠，真的很像一条用牛奶铺成的路。这些星星是分层的，看起来比现在的星星更近，也更远。我们一直数着流星。每当看到一颗流星时，都有一束光穿过我的内心，在我心中闪耀。

八月一个特别美丽的夜晚，杰克注意到北方的天空有绿光。我们都跑到草坪周围的石子路上凝望着那绿光，迈克说那是一艘"飞碟"，拉娜则认为那可能是原子弹。

正当我们望着绿光的时候，一束绿色的羽状物飘了起来，几乎飘到天空的顶端，它的颜色逐渐变淡，然后又闪耀了起来。接下来，绿色之上突然迸发出粉色，然后，蓝色和紫色的闪光迅速射向银河系。

我们停止了谈话，兴奋地惊叫起来。当这些不断变化的彩光跳动、旋转时，珍妮也开始跟随它们一起跳舞。很快，我们一边跳舞，一边欢呼着看向北方。这次神奇的经历让我们陶醉。

彩色的光不断变化着。我母亲也跑出来看，她解释说，我们看到的是北极光，它的形成源自太阳风改变了地球大气中的离子。此时我们已经跳累了，倒在草地上，那片比迪士尼的色彩还要好看的巨大"羽毛"在起起伏伏。此刻，我的感受就和之前在KOA广播站观赏喷泉灯光时的一样。

北极光是一种奇观，只发生在那个时间和那个地点，我把它们视为来自某个遥远地方的神奇礼物，光仿佛变成了彩色的音乐。那天晚上，我还以为以后会经常看到，却不知道这些舞动的彩色光团在我人生中是多么罕见。当时的我还不懂得生命的无常。

我喜欢构思一些与邻家小孩相关的故事，比如，一家医院发生火灾，杰克和雷克斯冲进火场救人；迈克和斯派克成为著名的棒球明星，朋友们都住在他们的豪宅里；韦恩和利昂娜环游世界，积累了很多冒险经历；珍妮成了一名英勇的护士，并发明了一种治疗癌症的药物；我们这群小孩中最相貌平平的拉娜长大后成了"美国小姐"。我随兴创造了这些故事，它们能让孩子们觉得开心。我希望他们对自己更有信心，看到更多光明的前景。

小时候，那些充满养分和能量的故事令身为孩子的我们获益良多。如果有人给我们讲这些故事，那会是一件多么幸运的事。现在，作为成年人，我们要学会为自己讲述这些故事。

女童军饼干

　　儿时的光阴过得比现在要慢得多，不仅我的生活如此，我们整个小镇的生活也是如此。镇上的商店早上八点开门，下午五点关门。美国的"蓝色法案"规定，所有商店在星期天不准营业。人们只要听到一声哨响，就会准时在早上七点吃早餐，中午回家吃午饭，下午六点回家吃晚饭。除了农民，所有人的夏天都过得懒洋洋的。当时人们的家里都没有空调或电视，所以吃过晚饭后，绝大多数成年人或坐在房子前面的门廊上乘凉，或四处串门。

　　学校在阵亡将士纪念日开始放假，而开学要等到劳动节过后。我们没有夏令营，也没有课外活动。有些男孩喜欢打棒球，但我的两个弟弟不喜欢这项运动；镇上有几个女孩假期时上钢琴课，或者参加美国未来家庭主妇协会的活动；

而我一直在看书，或是在母亲的办公室帮忙。我们整个暑假都泡在游泳池里，享受内布拉斯加州奶油般的阳光。

十一岁时，我加入了美国女童子军[1]。我是个平庸的童子军。我讨厌做手工、缝纫和做装饰品，只对获得自然徽章感兴趣。参加搭建篝火、露营和识别鸟类等活动，都可以获得自然徽章。简而言之，我喜欢在阳光明媚的夏日白天外出活动，或是在夜晚出门凝望闪烁的星星。不过，卖饼干才是我最爱的活动。

第一次做饼干的时候，我决定要成为我们镇的销售冠军。每天下午，我都会穿上我那身"丛林绿"制服和白衬衫，扎上戴着徽章的腰带，再系上黄色领巾，沐浴着明媚的阳光，骑着自行车在镇上穿行。我会在家里没有女童子军的房子旁停下车，向愿意听我说话的人推销薄荷巧克力饼干和花生酱饼干。

独自骑车环行小镇，看看别人的生活方式，是一次富有教育意义的经历。很多孑然一身的老人会邀请我进屋。一位老奶奶告诉我："如今，我所爱的人都已长眠地下。"

---

1 美国女童子军是一个国际性的女童青少年组织，旨在培养女孩的领导能力、社会责任感和实践技能。

我拜访了一些人，他们很感激我，因为我很有耐心地倾听他们说话，他们想说多久就可以说多久。我学会了提问和倾听。我发现，如果以婚礼和母亲作为谈话切入点，就很容易把话题打开，但如果问一些关于父亲的问题，则有可能很有风险。对许多人来说，他们只记得父亲经常虐待自己的情景，记忆中只有悲伤或愤怒。

我喜欢他们的故事，因为从中可以了解到成年人的感受和行为。有位老人是罗圈腿，他年轻时曾参加马术大赛，他的爱驹叫"朱庇特"。他拿出自己年轻时骑马的照片，对我说："参加马术比赛让我摔断了十根骨头，但我一点也不后悔。如果时光可以倒流，我还会这么做。"

有一位叫格雷伯先生的老人，他站在自己小房子的门廊上向我打招呼，并和我聊了很长时间。我们聊到了他的风湿病和爱犬。他很少出门，他说，我是那一周里第一位拜访他的客人，另一个常客则是杂货店的送货员。格雷伯先生养了一只棕色的小哈巴狗，并给它取名"子弹"。每当他坐在摇椅上，子弹就会跳到他大腿上。格雷伯说，子弹不会什么小把戏，但能懂他的想法。"我甚至都不用说出来，"他说，"我脑子里一有想法，子弹就知道我想干什么么。"

　　我轻抚着子弹，对格雷伯先生的健康问题表达了同情。我告诉他，我很钦佩他的毅力。我们的谈话结束时，我几乎忘记了卖饼干这件事，但他最后买了十盒饼干。我每月都去探望他一次，一直到我们家搬走。

　　我骑车到格雷伯先生家对面的那户人家停下来。那户人家有五个儿子，其中有两个在读高中，是学校橄榄球队的队员。他们的父亲经营着一个冷藏间，镇上大多数家庭的肉都存放在那里。他每天工作的时间很长，回家时累得不行，没法帮妻子做家务。他的妻子看上去面带疲倦，她从我这里买了十盒饼干。我希望这些饼干能帮她节省一些烘焙时间。

　　我在一幢白色的房子面前停下来，开门的是我的同学弗朗西斯。我很喜欢弗朗西斯，但除了在教堂做礼拜，我从没在其他地方见过她。我敲开她家的大门，她邀请我进了客厅，我看到她父亲贝克先生躺在一张坐卧两用的沙发上。几年前，贝克先生受过一次工伤，只能躺或坐在床上。他让弗朗西斯拿两碗冰激凌过来，我和她各吃了一碗。

　　我和弗朗西斯坐在她父亲的床边，笑着聊天。他夸赞自己的女儿，说弗朗西斯对他照顾有加。他说："她只有十一岁，但会做饭，打扫卫生。她自己熨衣服，还帮我理发。"

我离开时，弗朗西斯把我送到门口。她告诉我："我很幸运，能有这样一个好父亲。他就算再忙也会听我说话。"

女童子军饼干季结束时，我自豪地站在颁奖典礼上。我母亲手下的护士是我们的领队，她向我颁发了第一名的证书，并送给我一束带薄荷条纹的康乃馨。我母亲也出席了典礼，对我来说，这是最好的礼物，因为她很少能来参加我的活动。当然，我喜欢获奖，但真正令我满意的是这个过程，而不是结果。卖童子军饼干满足了我的三种需求，那就是每天都沐浴在户外的阳光下、工作以及和别人交谈。我多么希望自己一年四季都能够这样卖饼干。

第三部分

另一种光

剥豌豆

我的外祖父母住在科罗拉多州的弗拉格勒镇，那是一座沿铁路而建的小镇。堪萨斯城与丹佛相距十一公里，由铁路相连，弗拉格勒的铁路正是这段铁路的一部分，沿途还有很多类似的小镇。十一公里是一列蒸汽火车无须补充煤和水就能到达的距离。

当初，我的外祖父骑着马来到这个地方，建了一间草皮屋，然后开始"勘探"这片土地。一年后，我的外祖母和他一起来到了这座大农场。这座占地四十万平方米的农场上只有黄沙和灌木蒿，在20世纪初曾短暂变成绿地，但到了20世纪30年代，土地再次变得干旱。

邻居们帮助我外祖父母建造了一幢两层楼的房子、一个大谷仓、一间熏肉室、一个冰窟和一个地窖。外祖父种植小麦，还养了牛，外祖母打理一座大花园，给牛挤奶，养鸡，打扫房屋，做饭和洗衣服。尽管我的外祖父母都于1907年从秘鲁州立师范学院毕业，但他们在这片土地上劳作一辈子，勉强维持了自己和五个孩子的温饱。

当我还是个小孩的时候，外祖父母就已经卖掉农场，搬到了小镇某个街角的小灰泥房里。外祖父在院子中央种了桃树，并用水泥搭起一个烤架，用柴火来烧烤食物。夏天，我们在桃园里享用热狗、豆子和自制的冰激凌。

这是一种美妙的体验。在科罗拉多州东部，晚上空气凉爽，而且有一股清新的气味，仿佛是从高山上吹下的一样。桃树上挤满了栖息的鸟儿，叽叽喳喳地叫着。外祖父的烤架下烧着木炭，烟雾袅袅升起，环绕着树梢。我们用刻有图案的烤肉棒烤制热狗，热狗发出"滋滋"的声音。我的母亲在旁边用制冷机做冰激凌，外祖母端来一盘盘西红柿和黄瓜。

我的外祖父是个乐于助人的人。在那个时代，很多女性不会开车，外祖父经常开车送我外祖母那些丧偶的女性朋友去教堂、杂货店和诊所。他还帮她们了解自己的财务状况，这是当时很多女性所不具备的另一种技能，因为家里管钱的通常都是男人。

外祖父在镇子郊外的一座牧场上养了几头牛。他还种植了体型巨大的卷心菜，然后用切菜机把卷心菜切好，腌制成泡菜。他打理院子和果园，摘桃子，把剩饭剩菜埋在花园里做堆肥。

他和外祖母把食物装罐保存，以备过冬之用。我记得我和他一起去了地窖，地窖的墙脚边摆着一排排罐子，里面塞满了宝石般的桃子、李子、甜菜和泡菜。地窖里摆着很多架子，其中两个是留着放罐装牛肉的，还有更多的架子被用来放自制的番茄酱和番茄汁。地窖的角落里还堆着粗麻布袋，里面装满了土豆、萝卜和芜菁甘蓝。天花板上悬挂着很多长长的绳子，绳子上绑着洋葱。地窖能给人一种安心感，因为它代表了这个家仓廪丰盈。

每天下午，外祖父都会步行去市中心取邮件，然后去台球房下跳棋。他随身带着一只灰色皮箱，用来装他的便携式跳棋。每当他出去走亲戚时，都会找到那儿的台球房，和里面最好的棋手下棋。

外祖父是一位谢顶的老农民，身材敦实，喜欢穿工装裤，戴一顶毡帽。他的脖子后面隆起一个大肿块，母亲说那是粉瘤。外祖父很爱外祖母，常说自己运气好，能娶到一名老师为妻。他没事就吹吹口哨，这是一个幸福男人的真正标志。

不过他这辈子有一个不寻常的习惯。他每当回到自家门口时，都会先问一句："家里有人吗？"如果没人回答，他就在屋外面找点事情做，直到家人回来。

外祖父喜欢诗歌，经常背诵他喜欢的那几个，比如《轻骑兵的冲锋》（"The Charge of the Light Brigade"）、《海华沙之歌》（"Hiawatha"）和《卡西在击球》（"Casey at the Bat"）。他还模仿罗伯特·瑟维斯[1]的风格写诗。现在，我手里仍有一本外祖父写的诗集。诗集用厚重的青绿色纸装订而成，名为《我的诗集》（*My Poems*），里面的诗歌不多，包括《我孩子的母亲》（"The Mother of My Babies"）和《我们的乡村俱乐部》（"Our Country Club"），后者是以周六晚上和他一起吃饭、打牌的朋友命名的。

外祖父喜欢和周围的人开玩笑，比如他会说："我的鼻子跟罗马人的很像，整张脸都被鼻子霸占了。"他用魔术、五行打油诗和谜语来逗我们几个小孩开心。每天吃完

1　罗伯特·瑟维斯，全名罗伯特·威廉·瑟维斯（Robert William Service，1874—1958），英裔加拿大诗人、作家，他关于美国西部荒野、育空金矿矿工和第一次世界大战的史诗般的押韵而幽默的诗歌，显示了他对叙事的精通、对冒险的渴望和对细节的关注。

晚饭后，他都会摆好牌桌，跟我们玩红心大战或拉米纸牌游戏，后来还玩克里比奇牌戏和皮纳克尔牌戏。我爱外祖父，他也很爱我，但他有十五个孙辈，我只是其中一个。

不过，外祖母总有办法让我觉得自己是他们家的贵宾。我小时候身材瘦削，不修边幅，几乎不懂社交礼仪。尽管外祖母要为一大家子人煮咖啡和做饭，但真正懂我的人还是我的外祖母。

她穿着人造丝衬衫、厚长筒袜和方正的黑鞋；稀疏的银发扎成一个发髻，发髻上罩着发网。她有一双清澈的蓝色眼睛，微笑起来神采飞扬。她是一个高贵的人，以品行端正而闻名。我想，如果我的外祖母生活的时代晚一些，她可能会成为一名牧师、英语教授或哲学教授。但事实并非如此，她的时间被繁重的农场工作占用了，这些都是20世纪20年代到30年代的农场主妇常做的工作。每次去她家时，我经常会直接走向她的猪形陶罐，里面总是装满新鲜的姜饼。我对外祖母说："这是我最爱吃的饼干。"她回答说："我知道，所以我做了这些饼干。"

外祖母和我一样喜欢看书。每当我去探望她时，她家里总有从图书馆借来的书和最新的《读者文摘合订本》（*Reader's Digest Condensed Books*）供我阅读。她自己也订阅了《读者文摘》。在这本杂志中，我读到了莉齐·波登（Lizzie Borden）、阿梅莉亚·埃尔哈特的人生历程，还认识了萨科和万泽蒂，以及朱利叶斯·罗森堡和艾瑟尔·罗森堡夫妇。我们并肩而坐，一起看书，然后探讨我们所读的内容。和母亲一样，外祖母交流读后感时，也习惯于从道德层面总结经验教训。

外祖母喜欢握着我的手，称呼我为"我的玛丽"。每次饭后，她都叫我和她一起洗碗，让其他人收拾桌子。我们两个站在厨房水槽前，对着朝南的窗户。她先把碗碟洗一遍，再由我冲洗和擦干。第一次和外祖母洗碗时，我低声对她说："我们慢慢地洗吧。"

外祖母微笑着同意了，因为她知道，我其实是想有多些时间和她聊天。她想知道我最近交了哪些朋友，读了什么书。听我说完后，她赞许地说："选择朋友要像挑选书籍一样谨慎。"

我们第二次一起洗碗时，外祖母问我："我们要慢慢地洗吗？"

外祖母给我起了个昵称，叫"明眸"，这也是我人生的第一个昵称。当时我想，外祖母之所以给我起这个昵称，原因有二，一是她希望自己视力下降的时候我可以帮她穿针，二是因为我总能找到她丢失的小物件。如今，我觉得这个昵称也许有更深层次的含义。可能她已经注意到，我有着很强的好奇心，富有观察力，并且希望吸收一切有用的信息和经验。我想，只有像外祖母这样拥有一双明亮眼眸的人，才能发现另一双"明眸"。

我和外祖母最喜欢的活动就是在屋子外面做饭，我们美其名曰"户外烹饪"。外祖母穿上围裙，把一些简单的厨具拿到屋外，包括一只白色的碗和一把破旧的漏勺。我们将两把椅子搬到她家的白蜡树下，用整整一下午的时间给醋栗去梗或剥豌豆。干活的时候，我会和她谈论我的生活。她仔细地听着，时不时告诉我一些重要的事情，比如："我们为了某种目标而来到这个世界。所以，我们要让世界变得更好。"又或者，她会对我说："与其人见人爱，不如拥有一个真心的朋友。"

在炎热的夏日午后，我喜欢坐在户外，看着我的外祖母——她容光焕发，充满了爱和智慧。我们头顶上白蜡树的叶子在永不停歇的风中沙沙作响，阳光在树叶间舞动，每片叶子的边缘都被光镶成了银色。光线洒在我们的衣服和手臂上，仿佛我们也受到它的庇护。阳光拥抱并接纳了我们。

如今，我不确定自己是否比坐在白蜡树下享受斑驳阳光那会儿更快乐。外祖母察觉到我需要关注，于是她给予了我。她知道我是一个善良的人。通过她的眼睛，我开始了解自己。有了她的理解，我内心一些稚嫩而美好的东西开始生长。外祖母是最早把对我的爱付诸行动的人之一。

棺材和绳绒线床罩

我们全家大概每月去探望一次外祖父母。他们的房子有两间小卧室、一间客厅（同时也是餐厅）、一间储藏室、一间厨房和一间浴室。家里从来不上锁，因为弗拉格勒镇是一座只有几百名居民的宁静小镇，大多数居民都是外祖父母的朋友。

当外祖父在地里干农活或放牛时，身上往往会沾满泥巴。进屋前，他把鞋子和工作服留在储藏室里，穿过厨房走进浴室，一边洗澡，一边和做饭的外祖母聊天。

探望外祖父母时，我父母和妹妹托妮睡在卧室，我睡沙发，我的两个弟弟则在我旁边打地铺。我喜欢和家人挨得近些，尤其是我的外祖母，她就睡在离我不到十米的地方。

有一天，外祖父突发奇想，准备重新安排我睡觉的地方。有个邻居买了一台冰箱，然后把冰箱的木制包装箱送给了我外祖父。外祖父取下包装箱的长方形盖子，把木箱清理干净。他把木头打磨光滑，涂上清漆，在箱子底部放上一块泡沫垫当作床垫——他决定将箱子作为我的床。

夏日的某个早上，我们刚到外祖父家，他就自豪地向我展示他的"作品"。外祖母已经在箱子里铺好了床上用品。床紧挨着我父母的卧室，不过那是我最不喜欢的房间，因为它只有一扇朝北的小窗，墙壁是深绿色的，家具看起来很沉重，颜色就像烧焦的红棕色蜡笔。

当我站在那里，低头看着那张"床"时，外祖父想从我的脸上找到一丝快乐的表情。我感到胸口有一团火球在燃烧，让我呼吸困难。我想表现得有礼貌些，以免伤害他的感情，但我知道，这只像棺材一样的箱子让我无法控制自己的情绪。我吓坏了，脱口而出："我可不想睡在那里面。"

外祖父没有看我，就匆匆离开了房间。我站在原地，心情复杂。我觉得自己是个不懂事的坏女孩，就像当初咬医生那样。我很怕母亲会强迫我睡在那只箱子里。

果然，母亲走进了漆黑的房间。我们坐在床沿上，她说:"玛丽,你要睡新床,外祖父很看重这张床。"

我摇了摇头,说:"我不想睡。"

母亲下巴绷紧,眼睛眯起。她看着我说:"听话,你平时不是这样子的。"

我解释说,那张床就像棺材一样,空间狭窄,我无法强迫自己睡进去。当时的我并不知道"幽闭恐惧症"这个词,但我告诉母亲,如果她逼我睡进那个箱子里,我会死的。

我并不指望这番话能打动她,母亲也确实对此无动于衷。她把我的这种表现称作"神经衰弱症",而且并不在意,因为她每天都和那些承受着肉体痛苦、死亡或面临恐怖疾病的人打交道。"精神方面的病征"根本不值得她注意。

她说:"我想你现在就躺床上试试看,你会觉得它很舒服。"

我别无选择,不敢违抗父母的命令。我的脑子飞快地运转着,思考如何才能满足母亲的要求。最终,我转过身,背对着母亲,闭着双眼踏入了箱子。我的想法是:如果我假装看不到自己在哪里,那就可以躺下去。

然而,我心里完全知道自己在哪里。更糟糕的是,我仿佛看到自己躺在地下,有人把棺材盖给盖上了。我几乎能听到泥土撞击棺材盖的声音。我的胸口很疼,无法呼吸。我从那个箱子里跳出来,仿佛它着了火似的。

"如果你强迫我这么做,我就离家出走。"

我看着母亲,她似乎和我一样为难。母亲不想让外祖父伤心,她也是个好女儿。尽管她不在乎精神疾病,但最终还是选择了相信我。

她说:"去你外祖父母的床上躺一个小时,反思下自己的行为。"

母亲不知道的是,我听到这句话时顿感如释重负。我并不介意去反思刚刚发生的事,我自己也想把事情想清楚。母亲并没有意识到我有多喜欢外祖父母的卧室。它比客房大不了多少,但东边和南边各有一扇窗户,房间里光线充足。

早晨的阳光照得白色的绳绒线床罩闪闪发亮。我躺下来,用脸颊感受每一块结子花线带来的幸福感。我感受到东方日出的温暖,呼吸着带桃子香味的新鲜空气。突然间,我感觉自己沉浸在极乐之中。阳光、床罩、轻轻吹拂着白色透光窗帘的微风,这一切对我来说是如此的神圣。我感到自己已经完全放松了下来,身体里充满了温暖的白光。

我不知道这种盎然的情绪持续了多久，只记得当时的我尽量保持不动，因为不想让这种感觉消失。

　　不知什么时候，母亲走进了房间，破除了"魔法"。她说："该吃午餐了。杰克要睡那张新床，你欠外祖父一句道歉。"

　　我站起来，抖擞了下精神。我从恍惚的状态中清醒了过来，但残余的幸福感仍在我体内回荡着。我飘飘然地走到厨房，向外祖父道了歉。他清了清嗓子，眼光移向别处，对我说："没关系，我不想让你难过。"

　　我深感自责，我不想伤害任何人的感情。但是，我也为自己感到自豪。通常情况下，我一心想着去取悦别人，做所谓"正确"的事情，不让他们难过。可是这一次，我敢于为自己据理力争。

　　杰克把凉拌卷心菜丝递给我，外祖母给了我一杯脱脂牛奶。慢慢地，我回到了人与人互动的世界。我看着饭桌前每个人的脸，为能够和他们在一起而心怀感激。我的思绪飘向了某个漫长的下午，我在桃园里玩耍，和外祖母一起做饭。

港湾的灯光

圣诞节快到了，父亲宣布："你们的妈妈需要休息一下，我们准备去帕德里岛旅行。"

几天后，我们爬上家里那辆庞大的"奥兹莫比尔"牌汽车，向南行驶。父亲说："全程一千六百多公里，但我们明天就能到达那里。"

那时候，美国还没有州际公路，所以我们从内布拉斯加州的比弗城出发，穿过一座座小镇，抵达得克萨斯州的伊莎贝尔港。

大雪落在堪萨斯州和俄克拉何马州沿途小镇的圣诞彩灯上，马路旁的电线上挂着花环，树上挂满了彩灯，灯光照映在杂货店和五金店的橱窗上，熠熠生辉。教堂前的草坪点缀着基督诞生场景的摆件，都被雪花覆盖着。

在堪萨斯州的咖啡维尔镇，父亲注意到一家小餐馆的橱窗里挂着一块牌子，上面写着"一美元二十个汉堡"。他把车停在路边，走进餐馆，很快就带着满满一袋油腻的汉堡回来了。他自己留了两个，递给母亲两个，然后把剩下的十几个全都给了我们几个孩子。我们像亚马孙河里的食人鱼一样，大口大口地吃起汉堡来。

得克萨斯州的州际公路不限速，我半夜醒来，看到速度表显示时速为一百七十七公里。父亲一边抽烟，一边听着收音机里的乡村音乐。驾驶座的车窗打开着，我能闻到空气中灰尘和牧豆树的气味。我们已经远离了寒冷的地带。

我躺在后座和后挡风玻璃之间的狭窄隔板上。从那里，我可以看到星星和不断远去的道路。我们正经过一片景色优美、没有围栏的广阔地带。随着汽车的行驶，我的身体摇晃着，脑中想象着大海的样子，然后睡着了。

第二天中午刚过，我们便抵达墨西哥湾沿岸，到了海边的一座平房。这是我们第一次去海边度假，孩子们都异常兴奋。卧室摆着双层床，我们在床边打开小行李箱，拿出泳衣。

得克萨斯州十二月的阳光、脚下温暖柔软的沙子以及空气中的咸味，海边的一切都令我们赞叹不已。我带着两个弟弟和托妮跑进海里，在海浪中戏水，我尝到了海水咸咸的味道。杰克和约翰四肢修长、身材瘦削、留着平头。他们冲进高耸的海浪中，享受海浪赋予的快乐。托妮比两个哥哥小得多，但她也勇敢地投进海浪里。直到现在，我都记得他们冲浪的场景。没过多久，我们就找到了玩身体冲浪的方法。在后半部分的旅程中，我们都在享受身体冲浪带来的巨大乐趣。我们精力充沛，像黄鼠狼一样狂野。

愉快的日子一天天过去。从日出到日落，除了频繁地去小屋拿薯片和饼干，我们一直都在户外玩耍。母亲每天都会先睡个懒觉，起床后就到远离海岸的地方游泳，还和我们一起玩冲浪。父亲在距离海滩大概一百米的地方钓鱼，他主要钓鲨鱼，但也钓鲭鱼、石首鱼和鳟鱼。无论钓到哪一种，他都把鱼清洗干净，炸好，留到晚餐再吃。他还蒸了几大盘鱼，不管有多少条鱼，我们几个玩到饥肠辘辘的孩子都能全部吃光。

有几天下午，他买了几斤新鲜的海虾，做白灼虾给我们吃。父母会把整只虾都吃掉，包括虾头和虾壳。我们几个孩子把虾头扯掉，其他部位都吃。直到今天，我依旧喜欢虾壳和虾尾的那种脆脆的口感。

有天吃完晚饭后，父亲拿起装备，去一公里外的一座码头上钓鱼。我问他，我是否可以和他一起去，他居然同意了，这倒出乎我的预料。

他找个地方停了车，买了鱼饵和啤酒，还给我买了一瓶橘子味的苏打水。我手里拿着那凉爽的玻璃瓶汽水，心里充满感激。到了码头，父亲做好了钓鱼的准备工作，然后打开一瓶酒，点燃一支烟。

他没有说太多话，但每当有东西上钩，我都看着他把线拉回来。那天晚上，他想钓的是比目鱼，但偶尔会钓上来一些银色的鱼，还顺带捞上来黄色的珍珠母贝。那些鱼是我见过最漂亮的。每当父亲举起渔获时，仿佛是在把月亮献给我。

我站在离他一两米远的地方，只听到海水拍打脚下木桩的声音，以及海浪冲刷沙滩时发出的"沙沙"声。空气中满是鱼和海藻的气味，还带着一点儿汽油味。天空中没有星星，只有低垂的月亮。

在远处的海上，捕虾船随着海浪摇晃，红白相间的灯光上下摆动。在靠近海岸的地方，几艘小船轻轻地摇摆着，有些船还发出蓝色的灯光。岸上小旅馆和小房子的灯光照射在漆黑的海浪上。

看着那些灯光，我有了另一种感悟：这世界美好祥和，没有什么是值得争夺的，也没有什么需要改变。我注意到父亲在钓鱼时哼着爵士乐手格伦·米勒的歌，也注意到我身上穿着的那件带结子花线的橙色条纹衬衫，还有灯光、气味和流动的空气。我注意到了所有这些细节。

我许了个愿，要记住当下的一切，并把它深藏在我的记忆当中，不希望任何一点细节消失。那天晚上，我学会了把感悟和欢乐的时刻储存在脑海中。在这个既有阴影又有阳光的世界里，这是一种很有用的技能。

"草原犬鼠村"

　　托尔斯泰曾写道:"写你的村庄,你就写了世界。"比弗城就是我的世界,我已经到了可以独自闯荡"世界"的年纪。我的身边有一位挚友,还有左邻右舍的一群小孩;我可以去镇中心和母亲的诊所,还可以选择去喜欢哪些大人和小孩。

　　邻居罗杰斯先生是我们学校的看门人,也是一名赏金猎人,他曾把猎获的郊狼卖给了我们。斯派克和迈克每个月到州立监狱去探望他们的父亲一次。雷克斯是银行家的儿子,尽管唯一能证明他家财富的是一台窗式空调。他的母亲患有哮喘病,而他父亲能负担得起高昂的治疗费用。

　　并非所有多样性都是可以容忍的。那时候,种族主义和反犹太主义十分猖獗,北美土著居民常常成为被攻击的对象。在我们镇上，有色人种常常遇到麻烦。当然，歧视有色人种的并非所有人，而是一小部分人。同性恋者也被视为异类。镇上药店老板有个身患残疾的儿子，是同性恋者。他曾试图亲吻班上的一个男孩，犯下了"弥天大错"。从那以后的求学岁月里，他一直遭到同学们的无情嘲笑。

由于比弗城这个"世界"没有太多新鲜事，我们的"宇宙"就只局限于身边的人。孩子们一起玩耍，去普通的学校和主日学校[1]上课。成年人去教堂做礼拜，参加晚餐俱乐部，聚会和喝咖啡。聊天被人们视为一种艺术形式，擅长讲故事和说笑话的人备受欢迎。

我和朋友们都过着自由自在的生活。夏天，我们早上离开家去玩，只有在吃饭时间才回来一趟。我们骑着自行车，去想去的任何地方。但旅途并不轻松，有时候，会有一大群流浪狗跟在我们身后狂吠，紧追着我们的脚咬。在这群狗的围追堵截之下，我们只能把脚抬到车把上。

七月的某个炎热的下午，我和珍妮组了一支女生巡游队，骑自行车去了隔壁小镇，看看他们杂货店里在卖什么种类的冰棒。我们没有提前做好规划，饮用水没带够。骑

---

[1] 主日学校，是在周日对儿童进行基督教教育的学校。

行在炎热的柏油路上，我们很快就失去了热情，但仍继续踩着自行车前进。在阿拉珀霍县，我们发现了一处公共饮水点，及时补水后，我们到达了杂货店，开始品尝不同口味的冰棒。回家的路上，日照更强烈了，我们又热又累，无法继续前进，于是在离城镇几公里的地方停了下来。这时候，一辆没有载运货物的空卡车经过，司机顺路载着我们回了家。

有时吃完晚饭后，父母会开车带我们去"草原犬鼠村"。那是一片被黄沙覆盖的巨大区域，有几个街区那么长，也有几个街区那么宽。那里有很多洞穴，这些洞穴形成了一座"地下城市"，里面有食物"储存区""育婴区"和"工作站"。草原犬鼠一直在不停地修建隧道。在地面上，我们能看到几百只毛茸茸的小犬鼠，它们用后腿站立着，叽叽喳喳地，或互相追逐，或四处探查蛇和黑足鼬。响尾蛇和红尾鵟每天都在周围出没，伺机吃掉这些小犬鼠。

我和弟弟妹妹坐在引擎盖上，看着草原犬鼠工作和玩耍。此时此地，天空辽阔无边。太阳从柠檬色变成金色，又从金色变成橙色，再从橙色变成红色。随着阳光的变化，洞穴入口处的阴影也逐渐被拉长。当太阳落到地平线时，所有的犬鼠都回去睡觉了。

太阳落山后，我们常常流连不去。夕阳的余晖是最好看的，除此之外，还有粉色和杏黄色的云朵、刚刚触及平缓蓝色山顶的阳光、地面散出的凉气，以及若隐若现的星星。

当时的自然生态系统仍然很丰富，因此，我们理所当然地认为人类将永远拥有一颗健康的、可持续发展的星球。我们的土地上到处都是鸟类、昆虫和哺乳动物，人们也很容易在小溪和池塘里钓到各种各样的鱼。春天时，我们还能在沟渠里捞到小蝌蚪。

在工业化养殖业和农业发展起来之前，我根本就想不到我居住的那个空气清新、干净整洁的地方会变成一个充斥着污水和恶臭空气的"养猪县"。我原以为，草原犬鼠和包括鱼、昆虫、鸟在内的所有其他美丽动物会永远生活在那里。但现在，它们已几乎绝迹。我希望它们的种群数量能够有所恢复，也希望我的曾孙们仍能观赏到日落时分的"草原犬鼠村"。

奥扎克斯的夏天

　　每次放暑假，我们全家都会去奥扎克斯露营。我们在泰布尔罗克或布尔肖尔斯湖旁搭帐篷，父亲那边的亲戚会来拜访我们。父亲一回到他长大的地方并和他爱的人待在一起时，就像变成了另一个人。他身上的某些东西似乎苏醒了，行为变得更像年轻人，整个人也更轻松自信了。我们去奥扎克斯露营的那段时间，他几乎不怎么睡觉，因为他忙着享受生活。

　　父亲本不该离开密苏里州的克里斯琴县。他的家人几乎一辈子都没有离开过那里，他的姐妹和母亲住得很近，堂兄弟姐妹、叔伯姑姑都住在县里。父亲的家族布雷家于1840年迁移到这里，并一直住到现在。

　　"大萧条"时期，由于生活拮据，布雷家不得不分家。

20世纪30年代初，我父亲只有十二岁的时候，祖父患上了精神疾病，他独自骑马来到锡代利亚的州立精神病院，并留在了那里。他在精神病院里度过了余生。精神疾病不仅使祖父家失去了家庭支柱，也让家人感到非常羞愧。

我的祖母和姑姑亨丽埃塔以及格蕾丝只能靠给别人家干活为生，雇主包食宿，于是她们搬到了雇主家去住，而我父亲则住在河边的各种棚子和洞穴里。尽管无家可归，但他还是考上了高中，还成为学校篮球队的一员。父亲长相英俊，舞也跳得好，很受欢迎。那些年尽管过得艰难，但他还是很开心。

他经常在湖泊和河流里洗澡和游泳，还在树林里寻找蘑菇和浆果。他认识那个地方的每一个人，而人们都会竭尽所能地帮助他。当时所有人都生活得很苦，所以贫穷和无家可归并不是一件可耻的事情。

"二战"时，父亲应征入伍。在那之后，他人生的大部分时间都与奥扎克斯的家人相隔很远。

我们在拜访父亲的家人时，母亲得到了放松的机会。只有在我们离家很远的时候，她才能有这样的机会。她喜欢露营、游泳和滑水，她喜欢父亲的大部分家人，但她不喜欢奥扎克斯这个地方的居民。她觉得奥扎克斯的音乐很难听，居民的思想也很狭隘。

母亲是一个见过世面的人，她在洛杉矶、旧金山和檀香山等城市生活过。她曾是美国海军的密码破译专家，还是拥有生物化学硕士学位的医生。她喜欢听歌剧和古典音乐。对母亲来说，在奥扎克斯住一周是没什么问题的，但如果让她一辈子都住在那儿，光是想想都会觉得不寒而栗。

我和两个弟弟喜欢布尔肖尔斯湖，喜欢我们的大帐篷以及与堂兄弟姐妹、叔伯姑姑在户外度过的漫长时光。刚开始那几年，祖母格莱西尚在人世，但在我九岁的时候，她离世了。

格蕾丝姑姑和奥蒂斯姑父每天都会把他们的船屋开到我们的营地去。奥蒂斯姑父有一头黑发，身材瘦削，喜欢戴一顶有羽毛的浅顶软呢帽。他穿着休闲裤，腰间系着一条细细的白色皮腰带，衬衫口袋里总装着一包"骆驼"牌香烟。他靠给别人加油或坐在杂货店的门廊上卖保险赚钱，格蕾丝姑姑则经营着邮局和那间杂货店。奥蒂斯不喜欢体力劳动，他一辈子都在想方设法地靠自己的智慧和魅力赚钱，免受体力劳动之苦。每当镇上有人建谷仓时，奥蒂斯便发挥自己的特长，四处鼓励其他人，赞扬他们工作做得好，并询问他们是否需要水或任何工具。

他在十六岁时认识了格蕾丝，当时他在格蕾丝所在的乡村学校教书。那时候，任何人只要能读完八年级，都可以在那里当教师。万圣节那天，他俩私奔了。格蕾丝穿着一件黑色的丝质长裙举行了婚礼。当奥蒂斯和格蕾丝带着三个年幼的孩子搬进一栋小房子时，他们还让我父亲和我姑姑亨丽埃塔跟他们一起住。可房子实在太拥挤了，父亲只能睡在厨房桌子底下的地板上。

奥蒂斯待我父亲如兄如父。无论我父亲如何搞恶作剧、开玩笑，他都不会生气，就只是撇撇嘴，慢慢地脸上露出笑意，云淡风轻地让一切都过去。

奥蒂斯年轻时脾气很暴躁，但当他的孩子逐渐长大，并和我们家人住在一起后，他的性格变得随和了许多，而且人也很有爱心。我从未听过他提高嗓门说话或骂人。

奥蒂斯和父亲彻夜在小摩托艇上钓鱼。日出时，他俩带着渔获回家，把它们清洗干净，给我们做炸鲶鱼和土豆当作早餐。他俩是亲密的朋友，但奥蒂斯姑父偶尔会介入父亲对我们的教育中，保护我们这几个孩子免受伤害。如果父亲酒后发火，奥蒂斯会说："弗兰克，他们都是好孩子，别为难他们。"

格蕾丝年轻的时候是一位大美人，她留着一头乌黑的长发，但我第一次见到她时，她的手因为长期劳作早已磨出了老茧，脸色憔悴不堪。她一直与抑郁症作斗争，她发现自然能给她带来巨大的慰藉，于是开始到户外搜寻商陆果、水田芥和蘑菇。她知道所有野生动植物的名称。

大多数时候，亨丽埃塔姑姑和麦克斯姑父会开车去湖边。麦克斯姑父身体强壮得像根消防栓，为人很风趣，平时靠推销产品为生。他先是推销"胡椒博士"牌碳酸饮料，后来去一家肉类公司做了销售。他一直都是顶尖的销售员。

麦克斯像侍奉女王一样对待亨丽埃塔姑姑。但凡麦克斯在场，姑姑就不用亲手开车门或拿椅子，她要亲力亲为的事情只有梳头发和化妆。亨丽埃塔的皮肤如枕头般柔软，她跟每个人说话都是甜言蜜语的，比如她会叫我们"甜心""亲爱的"和"宝贝"。姑姑很健谈，喜欢开玩笑，厨艺也很棒。她和格蕾丝姑姑经常给我们带来美味的食物，像炸鸡、土豆沙拉、酸奶油黄瓜薄片和巧克力蛋糕。

母亲把我们的营地称作"蛇谷"。平时，我们跟麦克斯和亨丽埃塔的两个儿子史蒂夫、保罗一起玩耍。史蒂夫比保罗大六岁，是我们的"水下观察员"，专门帮我们察看水下是否有蛇。这活儿可不好干。因为当蛇浮出水面时，它们的头看起来会像龟类的脑袋，而大部分身体都还在水下。有时候，在蛇游到我们身边之前，我们是看不到它们的。每当遇到这种情况时，即使在最温暖的水里，我也会浑身打冷战。

史蒂夫时不时会大喊一声："大家快从水里出来！"我们就立马跳上码头或向岸边游去，直到蛇游走为止。如果蛇的脑袋很大且呈块状，蛇身厚实且呈深色，那它就是水生噬鱼腹蛇。湖里全是这种蛇，它们的攻击性很强；岸上的则是响尾蛇和铜头蛇。

奥扎克斯夏日的空气中有一股绿色的气味，那是从各种野生植物和簇叶丛生的树上散发出来的。野生植物生长的速度非常快，我感觉如果我站着不动，很快就会被杂草和藤本植物吞没。湖中生长着大量藻类，这让湖水黏滑而呈绿色，像汤汁一样浓稠。

我们在码头周围玩水。那个码头只有一张乒乓球桌那么大，从码头上可以沿着摇摇欲坠的金属梯子下水。我们在水里游累了，就顺着梯子爬上去，躺在码头滑溜溜的木板子上。大多数时候，板子在水中轻轻摆动，但如果有快艇经过，它就会东摇西摆，我们必须紧紧抓住它，以免滑落到水里。

我们会在码头上躺很长一段时间，仰望白云，一边听着湖水轻轻拍打木头的声音，一边津津有味地嚼着因空气潮湿而受潮了的薯片。

午后的阳光洒在湖面上，湖水像绿宝石一样闪耀，木制码头闪着银色的光。此刻，我们这几个孩子拥有了生命中的所有财富——伙伴、阳光、湖水，还有那个轻轻摇晃的、温暖的码头。

如今，那些曾在绿色夏日里一起玩耍的伙伴们仍然和我在一起。他们会永远和我在一起，因为他们造就了我。他们如同我身上的肋骨和大脑，是我身体的一部分。我永远记得那些关于芥菜、龟肉和蛇的故事。

将来我离开人世之后，我将成为我的孙辈和尚未出生的曾孙辈的人生的一部分，而我的孙辈的人生则是由覆盆子、自然漫步和我儿女的故事塑造而成的。我们都在塑造彼此的人生。

光　柱

20世纪50年代的冬天比现在的更冷，雪也更大。对小时候的我来说，要沿着我们家北面的陡峭山坡去上学是件痛苦的事。尽管在去学校的路上可以穿雪地裤，但在教室里，我们女生必须穿裙子。学校本身很通风，所以一个冬天下来，很多女同学的大腿都被冻得皲裂。

我家人从不听广播，所以不知道大雪天的时候学校停课。有时候，我和两个弟弟在雪地里长途跋涉，穿过小镇，爬上那座小山，结果却发现教学楼大门紧闭。

四年级的时候，我遇到了一位很优秀的老师。她是一名农妇，我们都叫她"奥利弗太太"。她身材苗条，留着一头黑发。她的孩子年龄很小，也在学校里读书。在午餐休息时，奥利弗太太允许我们趴在桌子上，听她读探险书籍。她的声音清脆响亮，又很温柔。每一章故事都以扣人心弦的悬念结尾，而她读到最后一行字时，都会压低声音，为我们展现极具戏剧性的效果。

奥利弗太太用图表来教我们学习句子。我晚上回家后，会按她教的方法去做，纯粹是因为好玩。在地理课上，我们学习认识世界上所有的国家及其首都、主要河流和主要的出口产品。她还要求我们做测试，让我们在按国家边界划分的大陆地图上填写内容——在相应的国家位置上画下大米、牛、棉花和钨矿等小符号。符号要画得精确、清晰，我很喜欢这个测试。在奥利弗太太的指导下，我感觉我们已经用语言把整个世界连接起来了。

在比弗城，奥利弗太太是唯一能吸引我注意力的老师。她把自己对于学习的兴趣传递给了我们，并凭直觉去感知孩子们的需求。她让我在空闲的时候坐在窗边看书。有个男生活泼好动，静不下心学习，奥利弗太太就让他给自己当跑腿的。每当他需要休息的时候，她就派他在教学楼里四处走动，干一些小差事。

奥利弗太太教的班级安静且有序。教室里总会传出"唦唦唦"的声音，那是我们所有人做作业时发出的声响。教室的墙上挂满了色彩艳丽的图画，画中有动物和鲜花；

窗帘也被拉开，这样我们就可以看到外面的景色了。我的
家庭生活杂乱无章，一团混乱，而奥利弗太太的课堂让我
相信生活可以有另一副模样。

课间，珍妮和我一起玩跳房子游戏、抛接子游戏和跳
绳，我的两个弟弟则在一边玩弹子游戏。我不喜欢在操场
上看到一些画面。比如，有些孩子独自一人待着，情绪低
落；又或者，我听到一些孩子取笑别人身上有细菌，如果
他们碰到这些"带细菌"的孩子，就会跑到另一个孩子身
边，想把这些"细菌"蹭到对方身上。这种没完没了的恶
作剧令那些被作弄的孩子感到不适。每当我看到这些时就
深感忧虑，却很少有勇气去干预。

学校里的日子如同一场歌剧，充满了张力和摇摆不定
的情绪。有时我会感到伤心，或者为我做过的事情感到难
过。当走出学校大门时，我往往又会觉得疲倦，饥饿，焦
躁不安。

大多数放了学的下午，我都会去母亲的办公室做事。
我独自一人坐在里屋，一边清洗消毒设备或整理手术包，
一边让心情平复下来。我读六年级的时候，一位老太太找
到我母亲，主动提出教我制作陶器和给瓷器上漆。

在接下来的两年里，我每周步行前往范·克利夫太太

家两次。她的家位于街角，是一栋白色的大房子。范·克利夫太太是从荷兰移民到美国的，仍保留着一点儿荷兰口音。她身材丰满，比较矮小，皮肤白皙细嫩，扎着银色的发辫。她大多数时候都穿着一件白色罩衫，里面是一件贴身的家居服。

当我到范·克利夫太太家时，她会给我端上柠檬方酪和甘菊茶，装茶水的是一只瓷杯，上面有她亲手绘制的图案。她会问我这一天过得怎么样，在接下来的几分钟里，我会把自己这一天的遭遇、反思和情绪都讲给她听，打开话匣子后就停不下来了。

喝完茶后，我们要穿过克利夫家优雅的老式客厅，前往陶艺室。客厅里有一架抛过光的黑色钢琴，钢琴上摆着一尊裸体男子的大理石雕像，那是范·克利夫先生在"二战"后从意大利带回来的。我转过脸去，不看这种"淫秽"的雕像。房间里相当黑，东边的墙上挂着窗帘。她解释说，这是为了保护她的伦勃朗、卡萨特和维米尔的高仿画作。

相比于这些东西，陶艺室里的光线才是我想要的。傍晚时分，阳光从西边没有窗帘遮挡的大窗户照进来。陶器还没有干透，从中飘出来的一些金色灰尘在空中飞舞着。

光柱穿过房间，落到我们的工作台上。

在这座充满阳光的"圣殿"里，范·克利夫太太和我并肩而坐，她用陶土做容器，给烧好的陶器上釉，或者用金箔装饰纪念盘的边缘。我滔滔不绝地跟范·克利夫太太聊天，她只是偶尔点点头，很少提出建议或发表意见。有时候，她会说一些很简单却令我深感安慰的话语，比如："明天又是一个新的开始"，或者"是人都会犯错"，又或者"你是个好学生"。

她一直关注我的学习计划和考试情况，也知道我朋友的名字，还主动了解我的家庭生活状况。她之所以这样做，不是因为好奇，而是真正关心我。她会问我，我的母亲是不是很忙，或者我的父亲是否在城里。

有一次我告诉她，父亲曾说我永远都结不了婚，因为我不够漂亮。事情是这样的：父亲在我们家后院养了鸽子，想把鸽子养大后卖给大城市的高档餐厅。那天，我和他站在鸽子笼旁，一边聊天一边清洗集水斗。我告诉他，我想成为一名英语老师。他关掉水龙头，端详了我半天，然后提醒我以后要读医学专业，毕业后去当医生。他说："以你这样的身材、这个大鼻子，恐怕你永远都结不了婚。你要有养活自己的能力。"

我困惑地皱起眉头，不知所措。我从没想过自己漂不漂亮这个问题。我和我的大多数朋友一样，身材苗条，皮肤黝黑，很健康，有一双蓝色的大眼睛，还有长长的睫毛。但那天，我摸了摸自己的鼻子，低头看着我扁平的胸部和臀部。我多么希望父亲从没说过"你结不了婚"这种话，但我那时相信了。

范·克利夫太太似乎被我讲的事情惊呆了。沉默了半晌之后，她终于开口说道："你父亲很可能是希望你成为一个经济独立的人，因为他经历过饥饿和贫困。但他那句话是错误的，他没有发现你的美。玛丽，你很美。"

她说完这句话后，我握住了她的手。过了好一会儿，我们才重新开始制作陶器。

在上陶艺课的过程中，我原本以为要浪费很多陶器。我觉得自己笨手笨脚的，也不够有耐心，无法成为出色的艺术家。我做的陶器一边高一边低，釉料上得不够均匀，金叶子也太过稀松。但范·克利夫太太并没有责怪我，我就像在接受她的精神治疗。多年以后，我从范·克利夫太太的侄孙女那里了解到，在她主动找到我母亲并提议免费给我上陶艺课之前，她就已经在担心我的状况了。她知道我是个好女孩，可以给予我些许照顾。她想把关怀当作礼物送给我。

　　每当傍晚我从她那满是绚丽阳光的陶艺室走出来时，我都能感到宁静，感受自己被关怀着，紧张不安的思绪也得以平复。我走进自己家，准备跟家人分享我的一些想法，并以平和的心态去倾听他们讲话。

　　范·克利夫太太的陶艺室里有两种光，一种是傍晚时分穿过西边窗户的光柱，另一种则是从老师心中散发出来的爱之光。在我们搬家到堪萨斯州之前，范·克利夫太太以我为模特，亲手画了一大幅油画送给我。画中的我看起来很美。

心中的光

外祖母家的女性都很能吃苦，她们坚忍，有很强的适应力。我的外祖母直到第三个孩子出生后才获得选举权，在此之前，她会骑着马前往一座座农场，说服邻居们接种天花疫苗。整个夏天，她的工作都是除草，采摘，在闷热的厨房里用抽水泵装罐。家里用干牛粪作为燃料。一家人从不喝咖啡和茶，也不吃糖。外祖母每周两次乘家里的马车进城——星期六去购物，星期天去教堂做礼拜。

不知为何，外祖母虽然日复一日地做着这些艰苦的工作，却依旧是一位有教养的女士。她重视教育、书籍和古典音乐，不管在什么情况下都轻声地说话，从不失体面。她就像《小妇人》中的马奇太太，总能控制住自己的愤怒和沮丧，永远以友好而充满善意的面孔示人。她既不抱怨，也不高傲；相反，她似乎无时无刻都活得很优雅，始终拥有明确的人生目标。

外祖母生了四个女儿，我母亲艾维斯是第三个，出生于1917年。我的三个姨妈分别出生于1914年、1915年和1918年。四姐妹当中，只有玛格丽特姨妈拥有惊人的美貌，我母亲长得还算好看，贝蒂姨妈和艾格尼丝姨妈都是相貌平平、大骨架、身材结实的女人。我小的时候，三个姨妈住在不同的州，但她们经常会来看我们，并且在我家住上很长时间。她们克己待人，且敢于坚持己见，极大地影响了我理解现实世界的方式。

最开始，外祖父要求贝蒂跟他一起在田野和谷仓里干农活。她为自己能跟男人一样艰辛劳作而感到非常自豪。高中刚毕业，贝蒂姨妈就和一个名叫劳埃德的男人结婚了，劳埃德是随着为农场收割麦子的工人一起来的。后来，他俩去了离加拿大边境不远的爱达荷州桑德波因特，在附近比特鲁特山脉的山脚下定居下来，并养育了五个孩子。

贝蒂姨妈成为一名教师，后来又升任校长。她很严厉，为人公正，又真心喜爱孩子。劳埃德姨父当过消防员，也做过伐木工和狩猎向导。每当治安官需要制止酒吧斗殴或找保镖时，就会打电话请他帮忙。

劳埃德本来就不算英俊，在四十多岁时又被马踢到了脸，但他拒绝接受治疗，因此脸上留下了一道马蹄形的疤痕，从下巴延伸到两个耳朵和发际线。劳埃德是一名宗教极端主义者，他坚持让自己的孩子晚上七点就上床睡觉，并且禁止他们看电视或听摇滚乐。有一回，他发现孩子们在听我们的45转单曲微型黑胶唱片，于是用柳树枝条打了他们，但后来又做了草莓冰激凌给我们吃。

贝蒂姨妈喜欢讲笑话和故事，也喜欢玩纸牌和户外游戏。她经常邀请我去散步。有一次散步时，她悄悄对我说，性爱是件很有趣的事情。在那之前，我从未听成年人谈论过性爱。贝蒂对性爱的态度和对其他一切事物的态度都一样，即"遵守规则，享受一切未被明令禁止的"。

外祖母的二女儿玛格丽特喜欢艺术，她不仅会弹钢琴，还会拉小提琴。由于她身材小巧，个性也比较敏感，家人让她在室内活动，专门帮外祖母操持家务。十六岁时，玛格丽特从马背上摔了下来，在地上躺了好几个小时，直到外祖父找到她。她的手臂严重骨折，伤口重度感染。镇上的居民一起筹钱，把她送到妙佑医疗中心接受治疗。

玛格丽特姨妈先是坐火车到明尼苏达州的罗切斯特市，然后乘马车前往医疗中心。马夫把她送到医疗中心后，鼓起勇气，主动提出在她住院期间去探望她。经过了手术和两周的康复期，马夫向她求婚了。玛格丽特的手肘弯成了一个直角，以后都无法伸直，她的音乐生涯就此结束了。她和富有魅力的马夫弗雷德结婚，弗雷德成了我的姨父。婚后，他们把家搬到了加利福尼亚州的惠蒂尔小镇。

玛格丽特姨妈很早就发现我是一个充满好奇心、喜欢艺术和文学的女孩。每当我们一起外出时，会尽量散步走远路或开车兜风。她认为我父亲的政治思想太过保守，并且坦诚地告知了我这点；她还抨击我父亲对种族问题的看法。

玛格丽特教我阅读的方法，并给了我一些建议。她喜欢简·奥斯汀、薇拉·凯瑟、罗伯特·弗罗斯特和约翰·斯坦贝克。她说："很多人只体验过一种人生，即他们自己的人生。但如果你喜欢读书，就可以体验到历史上所有时期和所有地方的成千上万人的人生。"

她告诉我，外面的世界很大，有很多我在比弗城无法接触到的思想理念。她给我讲述了埃米特·蒂尔[1]、美国南

---

1 埃米特·蒂尔（Emmett Till）是一个美国南方黑人少年，1955年，十四岁的他在密西西比的一家小杂货店被指责骚扰白人女店员，两个白人恶棍将他毒打致死并抛尸河中，此案件被广泛报道，最终演变成20世纪60年代美国黑人争取平等民权的导火索之一。——译者注

方的私刑、日本俘虏收容所以及乔·麦卡锡[1]的故事，教我如何欣赏画作和照片。我们谈到戏剧时，她鼓励我永远不要错过古典音乐会。我俩对"**文化**"一词的喜爱简直到了无以复加的地步。对于一个在远离城市的农场或小镇长大的、从未接触过电视或互联网的好奇小女孩来说，没有什么比"文化"这个概念更吸引人了。

有一年夏天，我们全家去惠蒂尔拜访玛格丽特姨妈和弗雷德姨父。当时他们正在为阿德莱·史蒂文森[2]举办一场筹款活动。父亲带我的两个弟弟去海边钓鱼了，我和母亲留下来帮忙。

玛格丽特给我指派了一个活儿：把客厅里装有奶酪片、饼干和橄榄的银色大盘子端到屋外的木台子上。当我把盘子递到一位身材瘦削、神情忧伤的男人的手上时，我注意到他的手腕上文着蓝色的数字，文身已经褪色了。我问玛格丽特那个数字文身有什么含义，她说，那个男人曾被纳粹关进奥斯维辛集中营，数字就是那时候烙上去的。

1　乔·麦卡锡（Joe McCarthy）是指约瑟夫·雷芒德·麦卡锡，美国政治家，共和党人。——译者注

2　阿德莱·史蒂文森（Adlai Stevenson）是美国政治家，曾在20世纪50年代两次代表民主党参选美国总统，皆败给艾森豪威尔。

我听说过纳粹对犹太人的大屠杀，但在遇到这个人之前，"大屠杀"这个概念似乎非常抽象且遥不可及。后来，每当想起那个人时，我就有一种很揪心的感觉。

有一年，弗雷德姨父关闭了他的医学检测实验室，和玛格丽特姨妈一起去参观了"古代世界七大奇观"。他们婚后一起生活了近六十年，玛格丽特比弗雷德长寿，在弗雷德去世后，玛格丽特再婚了。最终，她在八十多岁时患流感去世，离开前她还在主演一部音乐剧。

艾格尼丝姨妈是四姐妹中年纪最小的，她和一个只受过八年级教育的男人结了婚，两人定居在科罗拉多州弗拉格勒的郊外。他们家有一座农场，艾格尼丝帮丈夫宰牛杀猪，打理苹果种植园和大花园，两人还经营着售卖鸡蛋和奶油的生意。艾格尼丝不仅缝制了家里的大部分衣服，还下地干活，在剩下的时间里做饭、做清洁和照顾家里的三个孩子。

艾格尼丝姨妈的丈夫克莱尔是德裔美国人，他身材高大魁梧，留着一头乌黑锃亮的头发，长着一双我从未见过的大脚。他的职业是拍卖师，即使以很优雅的方式说话，他的声量也总是很高。和我父亲一样，克莱尔姨父也是个保守派。他很容易激动，经常与同样固执己见的玛格丽特姨妈争吵，全家人都见过他们吵架。父亲偶尔会从旁帮腔，但克莱尔姨父还是会继续嚷，说出一些愚蠢的观点，就连我父亲也开始犹豫是否站在他这边。

有天晚上，我和克莱尔探讨起宗教。我说，我不确定上帝是否存在。他回答说："你要相信上帝是存在的，因为只有这样，你死后才会上天堂，而绝不会下地狱。"

我心里想的是："什么样的上帝会鼓励你做出这种自私自利的行为？信仰又是谁制造出来的？"

我打小就不喜欢克莱尔。他为了逗乐会一直挠我们的胳肢窝，即使我们求他住手，他也不会停下来。他总对艾格尼丝姨妈大吼大叫，差遣她做各种事，好像艾格尼丝是他仆人似的。他甚至不叫她的名字，而是直呼她为"女人"。

克莱尔有一点尤其令我厌恶。如果艾格尼丝姨妈谈起与书籍相关的话题，他就会毫不留情地以嘲笑的语气模仿她说话。

在所有姨妈中，我最常见到艾格尼丝。因为她就住在我外祖父母家附近，我经常帮她摘水果、择菜、做饭或洗碗。当小麦收割队过来收麦子时，我就过来和她一起住。在她家那间闷热的厨房里，我们每天要给收割队做两顿大餐，然后把做好的饭菜摆在餐厅的圆桌上。中午，我们带着三明治和柠檬水去麦田。艾格尼丝每顿饭都给收割队做新鲜的烤馅饼，那时候馅饼就像面包和黄油一样，是人们的主食。

艾格尼丝喜欢穿简单的衬衫式连衣裙和结实的鞋子。她不喜欢打扮，也从不做头发。她把省下来的钱都花在了几个孩子身上，尤其是她的女儿泽塔。泽塔有一头乌黑的头发，总是穿着漂亮的裙子和漆皮鞋。钢琴是他们一家所拥有的唯一一件奢侈品，艾格尼丝想办法凑足了钱，为泽塔支付钢琴课费用。

我和艾格尼丝无所不谈，话题包罗万象，从当地新闻到家庭动态，再到彼此最近看的书。她把内心的光给了我，那是姨妈对外甥女最单纯的爱，也是我们相聚时的快乐宣言。

随着年岁渐长，克莱尔姨父的性格变得温和了很多。他虽然依旧是那个动辄大吼大叫的庄稼汉，但对我很友好。他知道我喜欢喝他们家自制的番茄汁，于是经常给我准备一罐番茄汁。艾格尼丝姨妈八十多岁时患上了梅尼埃病，克莱尔姨父会亲手给她制作奶昔，帮她盖毯子，为她翻书。作为旁观者，看到艾格尼丝沉浸在克莱尔满是爱意的关照中，我的内心感受到了温柔。

从小到大，我一直在观察大人之间不同的相处方式和他们抚养孩子的方式。我的家人都很擅长讲故事，我喜欢他们讲的故事。我了解了他们所表达的观点和解决问题的方式，并从中获得了最早的教育。

我和外祖母家的所有女性都建立了特殊的联系。和她们在一起时，我能够细细品味她们的话语，沉浸在她们的爱中，并接受她们传达给我的道德准则，比如努力工作、忠于家人、让世界变得更美好。无论我的家庭生活有何变化，我都知道，我的外祖母和姨妈们都很爱我。

姨妈们用爱滋养了我，教我学会照顾自己和他人。她们还让我明白了一个道理：我活在这个世界上是有价值的，而且我拥有与众不同的特质。她们没有过度美化我，也没有过分夸赞我。她们会倾听我说话，和我谈论她们的生活，并鼓励我认真思考自己的人生。

如果我们身边拥有这样给予这些"礼物"的家人，那我们无疑是幸运的。心中的光可以帮助我们所有人建立自我。

第四部分

身份认同感

燃烧的树

1961年，我刚满十二岁，我们家搬到了堪萨斯州一座只有八千人的小镇。母亲选择在当地一家诊所上班，希望这样能减少些工作量。

读高中一年级的时候，我决心成为一个循规蹈矩的女孩，完全融入学校生活中。我加入了高中乐队，负责演奏单簧管。我还加入了活力社团[1]，甚至参加了军乐队指挥的面试，尽管没有被选中，但我被选为班里的生活委员，还成了"雪球皇后"（Snowball Queen）啦啦队的候选人。简而言之，我短暂地融入了主流教育，但我并不太适合这样做。

---

[1] 活力社团，是美国学校里一种旨在为体育活动鼓舞气氛的社团，通常在学校重大活动期间进行活动。——译者注

在两三场橄榄球比赛后，我意识到自己既不懂橄榄球，也不关心这项赛事，更不喜欢活力社团的队服和加油举动。我被队员吓到了，她们让我想起了所有不属于我的东西，比如健美的身材，耀眼、漂亮的容貌。

比赛时有一些男生用粗俗的黄色笑话来逗我。我一下子脸就红了，这让他们更加肆无忌惮地开我玩笑。除了这些因素，我之所以不喜欢活力社团，主要是因为这里的活动很无聊，我更想在家里读陀思妥耶夫斯基的书，或者沿着附近的小溪散步。

不过，我还是在学校里交了很多优秀的朋友。我和莫琳一起走路去上学，她是一个身材瘦削、性格相当阴郁的女孩。她的父亲让人讨厌。每次我去他们家时，他从不用正眼看我，也不跟我说话。大多数时候，他都坐在客厅的扶手椅上，翻看他收藏的色情书刊。那时候，我还不知道有色情读物这种东西存在。我只是觉得很奇怪：为什么莫琳父亲会在自家的客厅里看这些讨厌的照片，却没有表现出丝毫的歉意？显然，他并不在乎自己的女儿是否会难堪。

莫琳学习很认真，她读过很多书。大多数时候，我俩一起聊书籍和家庭作业，但有时也谈论崇高的哲学思想。我们很享受这种对话，甚至在放学后为了多聊一会儿，我们经常相互送对方到家门口，来来回回好几次，最后才说再见。

　　我的另一位朋友苏很会弹钢琴，因为她的母亲就是教钢琴的。苏的肤色很白，有一双绿色的眼睛，平时戴着玳瑁眼镜。她父亲和莫琳的父亲一样沉默寡言，但为人没那么不友善。有一天，他开枪自杀了。我母亲告诉我，当时苏独自在家，她顺着楼梯走到地下室去洗衣服，结果发现了父亲的尸体，地下室里到处都是脑浆和头骨碎片。

　　由于是自杀身亡，家人没有给他举行葬礼。左邻右舍礼貌地装作什么事情都没有发生。苏逃了一周的课，当她重新回来上课时，我和其他同学都没有提及她父亲去世的事。

　　对于这种家庭惨剧，我们找不到合适的交流方式。那时候，如果有人患上绝症，大多数医生甚至都不会把病情告知患者。相反，他们会说："你回家吧，好好安排自己的生活。""癌症"和"自杀"一样，都是人们忌讳的字眼。

　　不过，并非我所有的朋友都来自悲惨的家庭。妮娜是一名医生的女儿，她家里有无数条裙子和与之搭配的羊绒毛衣。妮娜热情而外向，是学校的啦啦队队长和"返校节女王"。我俩总会抓住任何时机让自己笑得前仰后合。

　　我跟这三个女孩以及其他同学组成了亲密无间的小群体，我们在夏天举办睡衣聚会，参加舞会，一起去郊游。我们总在一起玩乐。

　　教授科学课的老师莱昂先生虽没有迷人的魅力，但他勤奋、友善，能力也很强。他一周里每天都系着不同颜色的领带，口袋里还插着一支与领带颜色相配的钢笔。我在他的指导下学习生物学、解剖学和物理学。我们的科学课要解剖生物，但在我们第一次解剖了一只青蛙后，我就请求老师批准我别上解剖课。我不想研究死去的动物。在我看来，肯定还有更好的方法去了解青蛙或猪的身体构造。

　　我还拒绝用网兜来捉蝴蝶，然后把它们扔进一罐麻醉剂里。学校规定，只要我们能捉到足够多的蝴蝶，识别其种类，再把它们钉在泡沫板上，就能得到奖励。我不忍心杀蝴蝶，我认为这种研究自然的方式大错特错。莱昂先生告诉我，如果我有这种想法，就无法成为科学家。我告诉他，我压根不想成为科学家。

　　每当我走出教学楼，都会深吸一口新鲜的空气，看看树木和天空。为了冷静下来，我必须得离开教学楼。

　　某天发生的事情尤其令我难忘。那是十月底的一天，莫琳放学后要留下来开会，我只能一个人走回家。一路

132

上，深蓝色的天空让我陶醉。树木在变换着颜色，整个世界是金色、青铜色和猩红色的。树叶在院子里随风舞动。就在我转身向南准备回家时，我在医院附近看到了一棵深红色的枫树，它让我感到诧异。驻足细看，枫树的叶子在风中摇曳，让我想起了凡·高的画作。

下午的阳光洒在这棵树上，我被它的美所震撼，屏住了呼吸，一动不动地站着。也许我看到的就是《圣经》里提到的"燃烧的树"，只不过这棵树长在了堪萨斯州。当看到这棵如焰火般的枫树时，我顿时体悟到一种充满灵性的经验：尽管这个世界被某种思想潮流所统治，但它仍然可以是多彩而令人兴奋的。我完全意识到了宇宙的完美，我存在于绝对的现实之中，它比我们所谓的"真实世界"更加美丽和透明。我一次又一次地被这些"燃烧的树"拯救。

夏　至

　　读高中的时候，我最喜欢的地方是距离小镇八公里处的一个大沙坑。沙坑里有清澈的湖水。夏日的午后，最先拿到驾照的妮娜会开车带我们这个小群体去沙坑玩。实际上，沙坑有两个湖，它们由一条狭窄的水道连接起来。湖水很深，越往深处游，水就越冷。据说那两个湖非常古老，拥有这些沙坑的挖沙公司曾在那里发现过史前鱼类的化石。

　　也许挖沙公司的老板是一个有孩子的当地人，或者那时候人们不那么爱打官司，但不管出于什么原因，他们欢迎我们免费去那里玩。在那里，我们可以不受大人监督。我们看到了大型机器，听着挖沙设备工作时发出的声音，但从没有工作人员过来要求我们离开。

沙坑被古老的棉白杨环绕，让这里看起来不亚于尤卡坦半岛的海滩。多亏了挖沙公司如此慷慨，我们这群女孩才能享受这美景。大约午饭时间，我们会拿纸袋装上食物，带着装有淡水或柠檬水的保温瓶来这儿野餐。经过一番精心挑选之后，我们找好了下午的活动地点，坐下来吃薯片、金枪鱼三明治或者培根、生菜、番茄三明治和饼干。在休息了一个小时后，我们会跑进波光粼粼的水里。

其他女孩只想凉快一下，所以她们在浅水区里随便走走、玩玩水，而我游到了湖中间，又像海豚一样潜入水中。在无尽的夏日午后，畅游于蓝天之下清澈凉爽的水中，这便是人生中最美妙的体验之一。沉浸在那温度多变的湖水里，我感受着水的流动和柔软的波纹，仿佛触摸着鲜活的生命。

回到岸上，我们躺在各自的大浴巾上，谈论男生、书籍或我们的家庭。那时候，青春期的女生要经历的仪式之一就是学习穿紧身褡。有一天，妮娜告诉我们，镇上的乐蓬马歇百货商店来了一批新的紧身褡，她建议我们都去买，周六晚上穿着它去看电影。

我说："我感觉我们不太需要紧身褡。"

苏说："当然需要了，很需要，我们现在是年轻人了。"

莫琳插话道："玛丽，我们要让自己的腹部平坦一些。"

第二天，我到店里试穿了紧身褡。那是一件筒状的橡胶材质的内衣，从腰身部分一直延伸到大腿。我费了很大力气都难以把它拉起来，心想是不是它的尺寸太小了。但店员告诉我，紧身褡就是要给人一种很紧的感觉。为了勾起我的兴趣，她故意说："美丽是要付出代价的。"

我站在更衣室里，感觉自己像个傻瓜。我几乎无法呼吸，一坨肉从紧身褡的顶部挤了出来，而紧身褡就像铁丝一样卡进了我的皮肤里。仅几秒钟后，我就做出了一个毕生都不会改变的决定。我告诉自己："如果我不喜欢当下的时尚，就不用盲目地赶时髦。我的座右铭是，舒适比美丽更重要。"

第三天，在沙坑里，我把这一决定告诉了朋友们。她们不想批评我，不过妮娜说："如果你有这种想法，可能会找不到男朋友。"

我们几个女生还聊到了泳衣的话题。其他女生谈论着泳衣的风格和颜色、从哪里买的泳衣以及我们是否都应该买比基尼。我问我的朋友们，她们是否真的喜欢自己的泳衣。那天傍晚，我突然意识到自己对外表和一些产品兴趣不大，我只关注感受。

那时候，几乎所有女生都在约会，大多数女生都喜欢和男生接吻和"亲热"。不过，现在已经没人用"亲热"这么含蓄的词了。虽然我没有像她们那样，但每当朋友们谈论这些事时，我都会仔细地听。我想了解与男生肢体接触的神秘过程。男女间相互爱慕的阶段是怎样的？开始肢体接触时是怎样的？翻云覆雨又是怎样一种感觉？

朋友们给我讲述了法式湿吻、在汽车后座上和男生欢愉缠绵，以及男生会如何用甜言蜜语欺骗女生，引诱她们"发生性行为"。我对和男生接吻很感兴趣，但不敢冒险尝试，因为这事听起来有些复杂，我怀疑自己做不好。我决定等上大学后再跟男生接吻。

其他女孩已经成为约会高手，而我还是个菜鸟。尽管如此，在读书方面，我堪称她们的导师。我推荐她们阅读福楼拜、海明威、辛克莱·刘易斯和托马斯·沃尔夫的著作。当时，我们图书馆里大多是男性作家的著作。而现在，我多么希望那时候就读过弗吉尼亚·伍尔夫、玛丽·桑多斯（Mari Sandoz）、简·里斯（Jean Rhys）和西蒙娜·德·波伏瓦的作品。

在高中最后一年，我拜读了楚曼·卡波霁的《冷血》，它讲述的是堪萨斯州一个农民家庭被谋杀的故事。选择看这本书是一个可怕的错误。它把我吓坏了，导致我肾上腺素分泌过多，无法入眠，多年来失眠严重。后来，我告诉朋友们千万不要读这本书，因为它是一剂毒药，我们这辈子都不需要它。

因为我对化妆、发型或衣服之类的事情不感兴趣，所以我会引导其他女生探讨我感兴趣的话题。我询问她们家里的情况，比如她们的父母吵不吵架，家里有什么规矩，她们和兄弟姐妹相处得如何，她们家里吃饭时讨论什么话题。

回首这些往事，我意识到当时自己所做的一切只是为了过上正常的生活。我自己的家庭给人一种古怪、不和谐的感觉，我父母的生活习惯也不同寻常。如果我和其他朋友一样，母亲是家庭主妇，父亲回家后跟我们一起享受宁静的夜晚，那会是一种什么样的感觉？

我们一直聊到傍晚，躺在浴巾上，放松着身心。我躺在朋友们中间，感受着她们对我的关爱。这种关爱让我对自己的未来更有信心。

思想之光

    读高中时，我遇到了两位非常优秀的年长的教师，迈耶和弗莱彻。她俩住在一起，都深深热爱着英美文学。两人都很胖，戴着眼镜，满头银发。她们穿着20世纪50年代老年妇女的典型着装——衬衫式连衣裙、深色长筒袜和厚重的黑鞋。

    两位老师虽然看起来都很严肃，但她们对诗歌、莎士比亚的戏剧和历史上伟大小说的热爱非常有感召力。在她们的课堂上，我们阅读了乔叟、爱伦·坡、乔治·艾略特、托马斯·哈代和简·奥斯汀的作品。我们还研究了威廉·布莱克、沃尔特·惠特曼、艾米莉·狄更生和伊丽莎白·芭雷特·布朗宁的诗歌。我喜欢所有这些作家，但爱伦·坡除外，因为我是个很容易受到惊吓的人，无法欣赏他那些或令人毛骨悚然的或阴森恐怖的小说。弗莱彻老师每周都带着《纽约时报》周日版来上课，并把那份报纸送给我。

除了体育、时尚和商业版块，我会从头到尾看完每份报纸。我通常先看世界新闻和书评部分，但我最喜欢的是"艺术与休闲"版块。当我了解到戏剧、音乐会和画廊开幕时，总想象着有朝一日能亲身参与到这深奥的文化之中。

遇到生词时，我会查阅《韦氏词典》，牢记它们的拼写和含义，并练习用这些生词写三个句子。我还看完了一本叫作《如何高效积累词汇》(*How to Build a Better Vocabulary*) 的书。没过多久，我就知道了各种不能在公共场合使用的生僻词，比如"怕老婆的"(*uxorious*)、"老顽固"(*intransient*) 和"专横的女人"(*termagant*)。尽管如此，我觉得以后和我打交道的人当中肯定有人知道这些词，我得提前做好知识储备。

我决定在学校成立一个"伟大图书协会"，让学生们可以聚在一起，讨论世界上那些重要的思想。图书馆管理员帮我宣布了这个决定，并向学生们宣传。我急切地盼望着同学们加入。但令人遗憾的是，过去了很久，没有任何人加入。

我觉得脸上火辣辣的，无比尴尬，不敢看向图书馆管理员。最后，她来告诉我，学校要关门了。她温柔地对我说："很多学生都在忙着其他活动，感谢你付出的努力。"

我们镇上的图书馆是一座雄伟的卡内基图书馆[1]，有十几级宽阔的台阶和带黄铜把手的沉重玻璃大门。图书馆的地面上铺着大理石，天花板很高。馆内有长长的木桌和一排排用皮革包边儿的图书。光线从我们头上的窗户透进来，洒满了整个空间。

高一的时候，我拜读了查尔斯·狄更斯、马克·吐温、赛珍珠、詹姆斯·米切纳和里昂·尤里斯等作家的著作。我十分迫切地看了很多经典小说，比如《包法利夫人》《魔山》和《唐·吉诃德》。非小说的作品，我读过蕾切尔·卡森的《寂静的春天》、维克多·弗兰克尔的《活出生命的意义》以及伯特兰·罗素的《为什么我不是基督徒》（ Why I Am Not a Christian ）。

在托尔斯泰的著作《两个朝圣者》（ The Two Pilgrims ）

1　卡内基图书馆，是由安得鲁·卡内基（Andrew Carnegie）投资建设的公共图书馆，多数位于美国、英国和加拿大。

中，主人公周游世界，途中遇见不同的人，并传递了快乐与爱。我也打算这么做。我想了解各种各样的人、每一种文化和每一种观念。

我读过《罪与罚》《卡拉马佐夫兄弟》《战争与和平》以及契诃夫、果戈理和屠格涅夫的很多作品。我深爱《安娜·卡列尼娜》，已经读了好几遍。我为这个"俄罗斯人的灵魂"所倾倒。这些俄罗斯人的悲伤和狂喜与我个人的情绪产生了共鸣。故事里的他们常常遭受深切的苦难，对他们来说，生活总是艰难而残酷的。但他们也会遇到充满激情和幸福的时刻，生活中所有的阴霾被一扫而光。

142

我最喜欢的书都探讨了那些最深刻的问题：我们如何才能在任何情况下都过上美好的生活？这世界有上帝吗？如果没有，我们如何找到人生的意义？人类为何发动战争？财富的分配为何如此不平等？这些问题照亮了我的思想，让我思考起个人生活以外的其他东西。

在康科迪亚的头两年里，父亲和我们住在一起。他尝试靠卖人寿保险为生，但他讨厌这份工作。他每天晚上都喝得酩酊大醉，他的痛苦深深地渗透到了房子的墙壁里。

白天，他尝试做一个好父亲，给我们买儿童手推车、岩石抛光机、金属探测器和乒乓球桌。他还买了一艘快艇，在漫长的夏天里陪我们滑水。我们几个孩子各有一个热带鱼缸，我选择养神仙鱼和脂鲤，杰克的鱼缸养的是有长长尾巴的孔雀鱼，约翰养了红色的剑尾鱼。有时候，我们会把各种热带鱼混在一起养，但结局很悲惨。通过养鱼，我明白了一个道理：永远不要以熟人的名字给棘鳍类热带鱼起名字，因为它们往往是"水中杀手"。

我的父母都没有与我们这几个孩子共情的天赋。和父亲关系最差的是杰克。杰克是一个极有天赋的男孩，性格非常腼腆，身体不是很灵活。虽然他考试经常不及格，但他每天都会看几个小时的书，讲话时能够引经据典。

父亲认为他每一科都应该得A，所以每次他考试不及格，父亲都会拿棍棒打他，说他不是一个好学生。杰克没有与父亲争论，但也并不服从。多年来，父亲从未强行要求杰克做些什么，但他会慢慢地摧毁杰克的意志。

有时放学回到家后，我会发现杰克被父亲关在地下室。我拿着零食去看他，希望他听父母的话。他无助地看着我，对我说："我做不到。"

有一次，杰克看到了电影《吉卜赛人》（Gypsy）的宣传海报，上面印着一名衣着暴露的女人，他把海报偷走了，并因为这件事被警察逮捕。从警察局出来后，父母把他送到了寄宿学校。我恳求他们不要这样做，但他们不听。

杰克去寄宿学校的前一晚，我整晚坐在他身边，握着他的手，哭泣着。我很担心他，只有十五岁的他马上就要去一所名叫"肯珀军事学院"的学校，那所学校的管理极其严苛。从情感上，我无法接受他要离开我们的事实。

第二天早餐后，杰克把他的小行李箱拿到车里，然后坐到后座上，向我挥手道别。我没有挥手，只是看着他的脸。我想记住他的样子，因为我知道，在未来很长的一段时间里我都无法见到他了。最后，父亲开车把他送走了。

我的家人总是来了又走。杰克走后不久，父亲也离开了。他搬到了离家三个小时车程的一座小镇。他在当地医院工作，大约每个月回家一次。我为父亲离开家而感到高兴，却为杰克的离去感到难过。

我将自己沉溺于文学之中。阅读给了我慰藉，让我忙碌且快乐。它让我内心有了目标，促使我去了解这个世界和我自己。毫无疑问，阅读是生命赋予我们的最好的礼物之一。只要有书可读，我们就永远不会孤独。

我常在家里二楼的卧室看书。卧室的窗户面向东南，床边的红木桌子上放着我的纸、笔和日记。卧室里有两个书架，上面放满了书，地板上也有一大摞书。天气暖和的时候，我就在外面的草地上铺一张毯子，坐在上面看书。转凉的季节里，我会躺在床上，双手捧着一本大书，消失在那个远离现实的世界里。我陶醉在充满光线的房间里，沉浸于我和书一起创造的明亮空间。

81号公路上的"艾德熊"快餐店

　　十四岁那年，我想找一份兼职，于是去了81号公路旁的"艾德熊"快餐店面试。餐厅老板名叫梅尔文·图恩，谢顶，身材肥胖。我原以为他年纪已经很大了，但他大概只有五十多岁。他只询问了我的年龄和在校的平均成绩。在面试过程中，他几乎没有和我有过眼神交流，当他说我已经被录用了的时候，我几乎听不清他在说什么。

　　第二天我就开始上班了。工资是每小时五十五美分，外加小费。从五月到九月，我当班的时间是下午四点到晚上十一点，每周工作五天。上班以后，我就很少在快餐店见到梅尔文了。他在家办公，把快餐店的日常管理工作交给了我们这些高中生。

　　"艾德熊"快餐店开在一幢小房子里，有扇窗专门用来给驾车的客人点餐。前厅有冰块、咖啡壶、冰激凌和饮料贩售机。前厅的后方是厨房，里面有冰箱、炸锅，还有一堆堆小面包以及大桶的番茄酱、芥末、蛋黄酱、生菜、腌菜和洋葱。

我们服务员穿着黑色的休闲裤、橙黑相间的格子衬衫，外面套一件黑色皮围裙，把点餐单、笔和钱放在围裙的口袋里。餐厅外的车棚下有二十个停车位，长长的车道两侧各有十个。每个车位旁都放着一个盒子，上面有闪亮的菜单，向客人提供金枪鱼奶酪三明治、冰激凌雪顶根汁饮料等各种食物。当客人开着车进来时，会有几分钟的时间看菜单，然后我们会快步走到车道上点单并收钱。

几分钟后，我们给客人端来一个托盘，上面有三明治、冷热饮、薯条或炸洋葱圈。我们把托盘送到摇下的车窗前，然后走开。等司机亮几下车前灯，这时候我们就可以取走托盘了。

这份工作让我更深入地了解了人类的行为。各色各样的人来到"艾德熊"快餐店就餐，有疲惫的卡车司机、孤独的老光棍、农场工人、在附近国民警卫队军械库受训的年轻人，还有一些来约会或与朋友开车兜风的年轻人。

我学会了如何对付轻浮的男人和吝啬、挑剔的顾客。

我努力去争取顾客的认可，去真正地了解他们。很快，我就跟一些常客混熟了，我很高兴看到他们来店里就餐。他们有的会向我微笑致意，有的喜欢开玩笑，或者对我表现得亲切友好。

有些进店就餐的情侣如胶似漆，让我几乎相信真爱的存在。我还见过一些夫妇，有的丈夫自以为高人一等，满脸鄙夷，而妻子则是面露愠色；还有的夫妻完全不搭理对方，仿佛托盘两端相隔甚远的冰块。有些父母和孩子们玩闹，气氛其乐融融的；而有些父母会对孩子发号施令，甚至出来吃个冰激凌也要破坏孩子的好心情；还有些父母对孩子的控制欲太强，导致孩子总缠着他们要更多的东西。

我偶尔能感觉到有的男顾客有虐待倾向，这一点从他妻子和孩子们惊恐的表情上可以看得出来。有一次，一对夫妇开着一辆破旧的汽车来店，他们点了两只大号的巧克力蛋筒冰激凌，然后坐在前座大快朵颐，而饥肠辘辘的孩子就在后座默默地看着他们。

我喜欢在工作时观察别人，也喜欢常来光顾的老顾客。我的人际交往能力提高了不少，做事变得更有条理了，跟顾客们也聊得很开心。我在餐馆的兼职一直持续到了高中毕业。我从这份工作中积累了很多经验，在成为心理治疗师后，这些经验都派上了用场。我可以跟优柔寡断、性情暴躁或吹毛求疵的人打交道，也学会了和形形色色的人愉快相处。

我也认识到了自己有多么喜欢工作。从小时候开始，我就常常给自己安排工作，比如用泥巴给母亲做馅饼，或是学习新单词，我也喜欢放学后在母亲的诊所里帮忙。但在"艾德熊"快餐店，我意识到工作永远是我这辈子最喜欢做的事情之一。

我十六岁时，梅尔文提拔我为餐厅的主厨兼经理。做服务员的时候，客人给了我不少小费，但升职后，我的收入实际上降低了。一段时间后，我学会了在短时间内做出大量食物的多种技能。在"艾德熊"快餐店，监督服务员的工作并非难事。每个人都喜欢自己的工作，大家相处得也很好。成为餐厅经理后，梅尔文便把人事任免权交给了我。

厨房的所有事情都由我说了算。在晚上最忙碌的时段，我会找一两名店员，给他们分配任务，比如从冰箱里拿出更多的洋葱圈，或者把空了的调味罐再装满。而我作为厨师，负责翻热汉堡，炸猪肉条，把薯条从滚烫的玉米油里捞出来沥油。在没那么忙的晚上，我就播放音乐、练习跳舞，吃点零食打发漫漫长夜。不过，直到今天我才敢承认，有些做法违反了卫生准则：我经常蘸着大调味罐里的番茄酱吃莳萝泡菜。我还给自己做过一些雪顶咖啡和软冰激凌，每天晚上平均要吃三份鱼肉三明治。

也许我应该在这里强调一点：我喜欢梅尔文·图恩。他性格很腼腆，但尊重并善待所有在"艾德熊"工作的女生。他的经营模式看上去很随意，但其实效率很高。他只聘请高素质的员工，给我们充分的自主权，让每个人各司其职。尽管他很少露面，但店里几乎没有受到人事问题的困扰，整个餐厅干净、高效，唯一违反卫生准则的是我自己，蘸着番茄酱吃莳萝泡菜。每一位员工都觉得这里待遇不错，而梅尔文也赚到了钱，每年一月都要去拉斯维加斯度假一个月。

我喜欢在热闹的周六晚上在这里做服务员。我站在明亮的灯光下，望着81号公路上朝我们餐厅驶来的汽车。我听着身边顾客们的笑声和谈话声，看到小飞虫被汽车的前灯照成金色。我会适时走向周围闪烁着灯光的明亮车道，来到司机的车窗旁，然后说："请您点餐。"

"艾德熊"的工作经历让我更加了解这个世界和我自己。我意识到自己喜欢与别人共事，并且对他们的境遇非常好奇。人生的第一份工作对建立身份认同感很重要，我们从工作中会获得新的见解，重新反思对世界的看法，并认清自己。

那时的世界似乎没有现在这么复杂。我在学校得到了全A的成绩，并获得了堪萨斯大学的奖学金。我拥有朋友和一份好工作，并且对美好的未来充满了信心。我心怀梦想，一些相互矛盾的梦想。我可能会像托尔斯泰笔下的朝圣者一样去漫游世界，或者成为纽约市的一名编辑，喝着香槟。我有着年轻人的自信，觉得梦想必定成真。

现在我知道，我们无法让自己所有的梦想都成真。我们没有足够多的时间和好运，也没有傲人的天赋。而每种选择都有无限的可能性。我人生的大部分时间都在内布拉斯加州度过，也从未在纽约市居住过。然而，我如今所过的生活已经比在"艾德熊"门口遥望汽车前灯时想象的要丰富得多。

旧金山

　　我高中快毕业时，父母很为我感到骄傲。我一直是受人欢迎、被人羡慕的女孩，不仅学习成绩好，会照顾弟弟妹妹，而且对每个人都有礼貌而友好。此外，我还是父母的"贴心小棉袄"。那年十二月，我被邀请参加大学的一项特殊荣誉项目，并获得了奖学金。父母决定带我去旧金山旅行，以此作为奖励。那是他们最喜欢的地方，他们想和我一起分享这次旅行。和往常一样，父亲开车，路上不作逗留。从堪萨斯州到旧金山，我们只用了不到三十个小时。

　　时至今日，我还记得进入旧金山湾区的那一刻，我被山顶的灯光震撼住了。青葱的山顶上有一排排色彩柔和的房屋，灯光就是从那些房子里照射出来的。傍晚，当雾气弥漫时，光影美得令人难以置信。它好像某种神奇的现象，只有运气最好的人才能看得到。

我们入住了旧金山联合广场的一家酒店。我花了很长时间观察广场上的行人和"垮掉的一代"[1]，他们有人在打架子鼓、吹长笛，还有人在朗读诗歌，或分发传单。我也想在广场上朗读诗歌，于是下定决心未来某天回来实现它。

我有个朋友当时在这儿上大学，他之前就告诉我，一定要让我父母带我去北滩和"城市之光"书店[2]。在旅程的最后一天，父母同意了我的要求，但他们想先带我去看他们最喜欢的老地方。我们乘缆车来到渔人码头，沿着海湾走到普雷西迪奥。一路上，父母不停地聊着天，脸上洋溢着兴奋之情。

我们在一张长凳上坐了一会儿，远眺海湾上的帆船和小船。金门大桥沐浴着午后的阳光，闪闪发光。我们身后的旧金山就像故事书里的城市，宛如一个神奇的王国，在那里，每一个梦想都可以实现，正如我们也在这里体验了父母曾喜欢做的事。我们在渔人码头铺着红白色塑料桌布

---

1 "垮掉的一代"特指美国20世纪50年代和60年代初期拒绝主流生活方式、追求个性的自我表现、欣赏现代爵士音乐的一批年轻人。

2 "城市之光"书店（City Lights Bookstore）成立于1953年，是"垮掉的一代"文学流派的发源地。

的餐桌上吃龙虾，买了酵母面包和奶酪到诺布山上野餐，又在时思糖果店买了母亲口中的全世界最美味的糖果。

我父母都曾在海军服役。父亲到母亲的办公室给她擦鞋，两人由此相识了。第一次约会时，父亲就想和母亲结婚了，而等到两人第三次约会时，他开口向她求婚了。他们俩精力充沛，无时无刻不在城里游玩，十分开心。

到旧金山的第二天晚上，我们前往他们在当兵时最喜欢去的餐厅吃饭。那家餐厅叫"奥马尔·海亚姆餐厅"，环境优雅，远近闻名，餐厅老板是亚美尼亚种族大屠杀时期的幸存者。餐厅内吊灯低垂，厚厚的亚麻桌布上摆放着精美的盘子和银器，银质花瓶里插着一朵孤零零的栀子花。我以前从未闻过栀子花的香气，它的味道让我头晕。那里的水杯很重，我跟父母开玩笑说，我身体可能不够强壮，连个杯子都拿不起来。我们点了一些我从未尝过的食物，比如烤羊肉串、朵尔玛青椒塞肉和香料饭。我们吃着这顿充满异国情调的晚餐时，父母似乎又找回了一见钟情的感觉。

我们旧金山之旅的最后一天是在唐人街度过的。父亲花钱让街头艺术家给我画了一幅木炭素描。我给弟弟妹妹和朋友们买了一些小礼物，然后和父母在一家以红色和金色为主色调的优雅餐厅吃了午餐。父母再次展现出他们的精明练达，两人点了芙蓉蛋、炒杂碎和左宗棠鸡，母亲还教我用筷子吃饭。

吃完这顿丰盛的午餐后，父母陪我去了北滩。街上到处都是留着长发、光脚走路的男人，以及身材瘦弱、穿着一身黑、抽烟谈艺术的女人。我父母都是体形圆润、来自堪萨斯的小镇居民，在一群放荡不羁的艺术家当中不知道如何才能表现得体，我对此感到极其尴尬。可我也不知道该怎么做！

不过，走进"城市之光"书店后，我就把这一切都抛诸脑后了。我拿起一本又一本小型出版社出的诗集。我翻看了艾伦·金斯伯格的《嚎叫》和劳伦斯·费林盖蒂的《心灵的科尼岛》中的几首诗，还有安妮·塞克斯顿、加里·斯奈德和格雷戈里·科尔索的诗集。此前，我从未接触过"垮掉的一代"流派的诗歌，但他们的作品引起了我强烈的共鸣。父母陪我在书店里待了一段时间，然后他们走出书店，坐在长凳上看着来往的行人。从长凳的角度能看到百老汇大街和哥伦布大道两侧正在发展中的脱衣舞夜总会。刚刚隆过胸的卡罗尔·多达是新开的"神鹰"夜总会的明星。当我拿着三本诗集走出书店时，听到母亲对父亲说："幸亏我们以前在这儿的时候没有这些夜总会。"父亲回道："那时候已经有了，你不知道而已。"

之后，我们去了父母提过的一家咖啡馆，店名叫"咖啡与困惑"。店内采用极简主义的风格装修，混凝土地板上铺着稻草，服务生都赤着脚。一头金色长发的年轻女士在前厅一边弹吉他，一边唱歌。英俊的男服务生只穿了工装裤，长发及腰，他问我们想点什么喝。我父亲说要一杯马提尼酒，这让我尴尬到恨不得在地板上找个缝钻进去。服务生笑了笑，向父亲解释说他们这里只卖咖啡和茶。

当天晚上，我们在北滩的一家意大利餐厅吃了旧金山之旅的最后一顿晚餐。我们坐在烛光中，我回想起了自己和父母的关系。我爱母亲，但她很少陪伴我；我也爱父亲，但他总有很多不良习惯。我意识到，不管他们身上有什么缺点，离开他们去上大学对我来说都是一件难受的事情，对他们来说也是如此。我觉得自己就像胶水，把我们这个家黏在了一起。我是他们可依赖的人，很多事情需要我在才能办妥。

我继承了父母的充沛精力、好奇心和对工作的热爱，但我和他们也有很多的不同。我的优点是有共情力，对他人的感受有着极其强烈的好奇心。准备离家的过程中，我看到了自己与父母之间的相同与不同。当不去评判这些差异的时候，就说明我们已经做好了更充分的准备。

我们一边享用意大利千层面，一边聊着天。我从中感受到了很多东西。父母创造了我，定义了我人生的背景；而我自己做出了选择，学会了一些技能，这些技能让我能以最快乐的方式度过我的人生。晚餐最后，我举起手中的酸橙汽水，向我了不起的父母致敬。父亲流下了泪水。

第五部分

离家

烈火熔炉

　　我高中毕业一周后，父母开车送我来到了堪萨斯大学的柯宾霍尔（Corbin Hall）宿舍，这里将成为我的新家。对我们家而言，读大学是一件大事。在来劳伦斯市的路上，除了父亲提醒我不要酗酒、不要发生婚前性行为，父母几乎没怎么和我说过话。我感到既焦虑又兴奋，父母却很难过，非常难过。我能从他们憔悴的面容和噘着的嘴唇上看出来。

　　在去宿舍之前，我们开车在校园里兜了一圈。堪萨斯大学的环境优美，校园建在几座山头上，可俯瞰市中心和科谷（Kaw Valley）。古老的阔叶树遮住了阳光，为草坪和人行道带来阴凉。校园里的建筑都用石头搭建而成，常春藤爬满了墙面。校内有一座巨大的图书馆、一座美术馆、一间小教堂和一栋学生活动大楼。堪萨斯大学看上去和我们想象中的大学完全一样。对于高等教育，我们都怀有近乎宗教般的信仰，它在我们心中有着神圣的地位，而眼前的一切更坚定了我们的信念。

我们把车停在宿舍楼前，然后把我的行李、毯子和厚厚的字典搬到了二楼的房间。宿舍大堂里有很多学生，我看着站在身边的父母，脸"唰"地一下红了，觉得很尴尬。在那个年代，很多青少年都喜欢假装自己是从宙斯脑袋里跳出来的[1]，无父无母，成长全靠自己。

搬完所有东西后，是时候道别了。在我的新寝室里，我们就这么尴尬地站着。我的家人不习惯拥抱、亲吻或谈论自己的情绪，因此我们没有太多可以道别的选择。最后，我们小声地相互说了再见。母亲提醒我说，我可以在每周日晚打长途电话，聊个十五分钟。她还说："如果你有时间，每天都可以写信。"

他们走出宿舍，关上门，空荡荡的宿舍里就只剩下我一个人，等待着某个不知姓名的室友。我意识到自己正站

---

1 此处引用了希腊神话的典故，女神雅典娜就是从宙斯脑袋跳出来的。——译者注

在一个"入口"前，准备开启一扇全新的大门，进入一种全新的生活。我从未感到如此自由，我可以做任何想做的事，成为我想成为的人。

我参加了堪萨斯大学为来自美国中西部地区的学生开设的荣誉课程。学生们会住在一起，学科教授将以小班形式给我们上课。我想报人文学科课程，但父母坚持让我报理工科课程。

晚饭前，我的室友珍妮丝来了。她身材娇小，短鼻子，留着深色卷发。我们一起到食堂吃了到校后的第一顿饭，然后回到宿舍促膝长谈了一整夜。珍妮丝看过很多书，对政治和社区组织非常感兴趣。当她聊起自己的人生时，我发现她的经历跟我的很像。第二天早上，我们睡眼惺忪、晃晃悠悠地下楼去吃早餐。从那时起，我就知道今后的生活会十分不同，它将变得更加精彩。

大学第一天，我穿着尼龙袜、格子套衫和便士乐福鞋去上课。那时的我仍然是一个思想保守的小镇女孩，渴望着适应大学生活。不过，这种保守的装扮只持续了几个星期，很快我就穿上了牛仔裤、皮背心，还戴上了珠子项链。

如今，我几乎记不得当时上过哪些课，却清楚地记得

163

其他不相关的事情。我的新朋友们大多来自大城市，比我见多识广得多。来自圣路易斯市的格雷格常穿着一件花呢夹克，纽扣是仙人掌形状的，他非常喜欢引用存在主义哲学家的名言；另一个来自堪萨斯城的学生罗布是一名公开的同性恋者；韦恩会吹奏爵士萨克斯风，并视爵士艺术家约翰·科尔特兰和盖瑞·穆里根为偶像；正和珍妮丝约会的汤姆曾申请拒服兵役，他俩一起参加了民权运动和反战游行。

我充满了探索和学习的动力，而这样的机会在大学无处不在。学校的外国电影剧院会放映英格玛·伯格曼、黑泽明、路易斯·布努埃尔和费德里科·费里尼的电影；校美术馆展出古典艺术和现代艺术作品；学生会每两周举办一次活动，邀请欧蒂塔、艾伦·金斯伯格和巴菲·圣玛丽前来参加。我像母亲对待工作一样，近乎废寝忘食地参加这些活动，因为我不想错过任何事情。

校园几个街区外有一座教堂，那儿的地下室是我最喜欢的地方。每周五和周六晚上八点到午夜，"烈火熔炉"（The Fiery Furnace）活动对公众开放。上大学的第一个月，格雷格邀请我和他一起去教堂地下室参加周五晚上举行的民歌演唱会和诗歌朗诵会。我们走下一段灯光昏暗的楼梯，进入一个大房间。除了舞台上的聚光灯，房间里仅有的光源来自每张桌子上酒瓶中插着的长蜡烛。

那是我人生中第一次点咖啡喝。闪烁的烛光、现磨咖啡的香气以及在邻桌聊天的学生们，都让整个场景显得很神奇。

那天晚上有三个节目。第一个节目是一位年轻女歌手的演唱，她留着金银色头发，赤着脚上台，用动人的女高音唱着英国民谣。第二个节目是诗歌朗诵，几个身材瘦削、穿着一袭黑衣的年轻人依次朗诵着他们充满愤怒的诗句。他们的头发盖住了耳朵，按当时的标准来看，这已经算长发了。他们穿着凉鞋，而不是当时大多数男士穿的牛津鞋或乐福鞋。最后一名朗诵者拿着一把吉他，旁边有一名贝斯手为他伴奏，他脱口而出的是一种带有明显节奏变化的诗歌。尽管我没有勇气和这位诗人说话，但我还是深深地迷上了他，还梦见他邀我约会。

第三个节目由爵士乐队表演。我从父亲那里了解到一些爵士乐手的风格，比如格伦·米勒、贝西伯爵和艾拉·菲茨杰拉德，但这支乐队有所不同，它的音乐更轻快，让人很难跟上它的节奏。与其说它演奏的是一种旋律，倒不如说是在表达一种心情。我不懂音乐，但想加深对音乐的了解。我决定向韦恩借一些现代爵士乐的唱片，以便从中学习。

很快，我也参加了堪萨斯城的民权游行。我反对越南战争，并加入我所在宿舍女生的行列，反对大学的替代父母制[1]和针对年轻女性的宵禁政策。我可以和其他学生谈论现代诗歌和欧洲电影制作人，也能讲出马奈和莫奈作品之间的区别。

我曾以为大学生活是完全自由的，但现实并非我想象中的那个样子。我非常想念家人。头几周里，每当打电话回家时，我所能做的就是对着电话一顿痛哭。我并不想回到康科迪亚，我喜欢无拘无束，但我深爱着家人，异地的痛苦让我想起多年来与家人多次分离的经历。

我的政治观点和个人习惯都发生了改变，我仿佛创造出了一个新的自我，但那只是十八岁年轻人的错觉。我仍挂念着父母、祖父母、外祖父母以及我所有的姨妈、姑姑、叔伯、姑父姨父和表兄弟姐妹，心里装着我的家庭创伤、

_____

1　替代父母制（In Loco Parentis）是早期美国高校普遍采取的管理模式，其核心思想是校方全面代替父母对学生实施管教和约束，通过精神、肉体和经济手段惩罚学生的违纪行为。直到20世纪60年代，该制度逐渐被淘汰。

我住过的小镇、去过的教堂、我读过的书、范·克利夫太太、珍妮和康科迪亚的沙坑，也装着我的喜鹊玛吉、郊狼幼崽、被杀死的兔子宠物和精灵罗莎丽塔。我带着父母两家的基因和自己如斑驳阳光般快乐的独特个性走进了"烈火熔炉"。在20世纪60年代中期激荡的大学世界里，我不确定接下来会发生什么，但已经做好了准备。

篝火的光

我在堪萨斯大学读书的第二年，很多事情发生了变化。我在市中心的凯姆咖啡馆找了一份服务生的兼职。清晨，我走进咖啡馆，准备上早班。那时我已经搬出了宿舍，在一位老妇人的家里租了一个房间，她的房间只租给女学生。杰克已经高中毕业，跟我和我朋友一起在劳伦斯市。我认识了拉里·本·富兰克林，他是我第一个真正意义上的男朋友。拉里身材高大，有一双乌黑的眼睛，喜欢穿工装服和靴子，让我想起了年轻的马龙·白兰度。拉里从大学辍学，在当地的纸箱工厂做工会组织人。

我已经适应了和一群爱冒险的人共处，他们致力于追求艺术和自由。来自威奇托的珍妮美丽而性感，她渴望成为一名歌剧演唱家。她最好的朋友迪克西也来自威奇托，是一位诗人和艺术家，擅长运用智慧和略显粗俗的语言来写诗。来自堪萨斯城的简见多识广，她似乎对自己生活的滑稽诙谐既感到悲观，又觉得有趣。她烟瘾很大，烟不离手，经常用沙哑的声音说些古怪逗趣的话。尽管只有十八岁，但她似乎已经厌倦了这个世界。

我们无所不谈，聊天的内容从马克思主义到伊斯兰教神秘主义的苏非派别、道教、现象学和政治。我们讨论民权、人权、歌舞伎剧场、"垮掉的一代"流派诗人、音乐和艺术。我们相互传看艾伦·沃茨、马尔科姆·艾克斯和西蒙娜·德·波伏瓦的平装本著作，无休止地谈论我们那个时代的思想。我们彻夜不眠，讨论一切，仿佛找到自己的立场后，我们就可以改变世界了。

与此同时，我们每个人都有学业或工作，或者半工半读。杰克在建筑行业工作；简半途辍学，当了一名秘书；迪克西和珍妮也辍学了。我仍留在学校里，努力完成医学院预科课程。我尽情享受着那些我可以自由选择的课程，包括俄罗斯史、艺术史、音乐史、西班牙语和法语。

有时，我会和拉里去参观堪萨斯城的纳尔逊艺术博物馆，然后他开车带我去密苏里河沿岸的一间小酒吧。在那里，我们可以吃烧烤，听灵魂乐歌手詹姆斯·布朗和艾瑞莎·富兰克林的歌。有一次，拉里喝了好几瓶啤酒，跳到我们的那张桌子上，宣布艾瑞莎·富兰克林是"世界女王"。

其他晚上，我们会去第18区历史葡萄酒区（18th and Vine）的夜间酒馆。这里是堪萨斯城爵士乐的诞生地。爵士名家贝西伯爵、查理·帕克和科曼·霍金斯都来自堪萨斯城。我和拉里都是杰伊·麦克肖恩（Jay McShann）、克劳德·威廉姆斯（Claude Williams）以及"戏弄罗宾逊伯爵乐团"（Scamps with Earl Robinson）的拥趸。在没有听这些音乐和参与游行之前，我接触的几乎都是白人。

我们和朋友会举办烛光聚会，喝红酒。这类聚会通常在很多学生合租的老旧大房子里举行，客厅用来跳舞，厨房里备有葡萄酒、一大罐红辣椒或小扁豆汤，其他所有房间则用来进行最受大家欢迎的活动——聊天。我们每个人都有很多想法，迫不及待地想和别人分享。我们在聚会上制订写作计划，筹备社区农场，并表演街头戏剧。这些聚会一直持续到黎明，然后我们步行到凯姆咖啡馆吃早餐。

我们这群朋友一起去堪萨斯城或托皮卡听音乐会。有一次，我们坐在一辆皮卡车后面的一捆捆稻草上，去林肯市看鲍勃·迪伦和迈克·布隆菲尔德（Mike Bloomfield）

的联袂演出。迪伦的新电子音乐令我们无比震撼，我们原以为那会是一场安静、深情的演唱会，但舞台充满了狂热的活力。人群中有些人开始喝倒彩，但我们很喜欢这种气氛。回去的路上，我们坐着颠簸的旧皮卡车，对着星空放声高歌。

我们经常外出野餐、在家聚餐或者轮流为大家做饭。我记得拉里最好的朋友皮姆也给我们做了一顿饭，他是一位来自丹麦的电影制作人。他说，他来美国是想和《米老鼠俱乐部》[1]的演员安妮特·弗奈斯洛约会。但他的愿望未能实现，于是他在堪萨斯州的劳伦斯市学习拍电影，并且和女朋友莉迪亚住在一起。皮姆把一袋四斤的土豆削好了皮，切好五只黄洋葱和两串熏肠，然后把所有食材放在一个巨大的煎锅里煮熟。这道菜非常美味。

周末，我们结伴去隆斯塔湖（Lone Star Lake）郊游，这是我最喜欢的夏日活动。隆斯塔湖面积很大，湖水清澈，周围长满了棉白杨和橡树。我们知道有个地方平时很

---

1 《米老鼠俱乐部》（The Mickey Mouse Club）是20世纪50年代由华特迪士尼公司制作的美国综艺电视节目，以定期但不断变化的青少年表演者阵容为特色。

少有人去，那儿有一片沙滩、一个玩掷马蹄铁游戏的沙坑和一个篝火圈。大家要么游泳，要么玩沙滩排球或掷马蹄铁游戏。玩累的时候，珍妮和迪克西就教我们唱歌、跳一些简单的民间舞，我们围成一圈跟着她摇摆、旋转。

然后，我们收集树枝，准备生火。很快，熊熊篝火就燃烧了起来。我们烤热狗，打开猪肉罐头和豆子罐头。我们身上都没什么钱，运气好的话，有人会自掏腰包买一罐乌榄或一些葡萄请大家吃。在这样的氛围下，总会有人拿出吉他弹奏民谣，让大家围着篝火唱歌，我们会唱《这是一份简单的礼物》（"Tis a Gift to Be Simple"）、《这是你的土地》（"This Land Is Your Land"）、《苦难的日子不再来》（"Hard Times Come Again No More"）、《铃鼓先生》（"Mr. Tambourine Man"）和《转变！转变！转变！》（"Turn! Turn! Turn!"）。

我和拉里紧挨着坐在一起，喝着一瓶"布恩农场"啤酒。我们疯狂地爱着彼此，如果我们触碰到彼此或看着对方的眼睛，都会被内心的欲望熔化。我们一起望着篝火，听着风吹过树叶的声音，遥望天空，寻找流星。时不时地，我们会听到仓鸮或夜鹰的鸣叫。

篝火的光映在湖面上。有时，银月照亮了夜空，皎洁的月光在湖面上闪烁，映入我们的眼眸。我们对当下的生活和彼此都很满意，我们很幸福，并认为生活将永远这样继续下去。然而，这样的美好却像流星雨一样短暂。

港湾码头

读大二时，有一件快乐的事和三件悲伤的事发生在我身上。快乐的事是弟弟杰克搬来劳伦斯和我住在一起。他爱上了我的朋友珍妮。悲伤的事是我志同道合的室友珍妮丝和她的男朋友为了躲避兵役而悄悄逃离了美国，珍妮丝甚至来不及跟我说再见；那年上学期，我父亲得了严重的中风；到了下学期，拉里患上了精神疾病。

感恩节早上，拉里开车送我和杰克回康科迪亚。他还没见过我的父母和弟弟妹妹。虽然拉里很有礼貌，但父亲并不喜欢他。也许是因为拉里和他的政治倾向相悖，或者是因为拉里牛仔夹克的纽扣上有反战标记。还有一种可能性更大些，他看到了拉里抚摸我，这个举动表明我们的关系很亲密。吃完一顿气氛紧张的节日大餐后，我们开车返回劳伦斯。拉里问了我一个听起来很奇怪的问题："为什么你没有变得更加愤世嫉俗呢？"

我想他指的是我们家里的混乱和家人经常争吵的情况。父亲总是一副怒气冲冲的样子，母亲看起来对孩子严厉且疏远，而我的弟弟妹妹则茫然和冷漠。我无法回答这个问题。我没有愤怒的感觉，而只有一种深深的渴望，想认定我的家庭没有问题，家人们彼此相爱。

第二天大约中午时分，母亲打电话给我，说父亲中风了，正处于昏迷状态，身体十分虚弱，活下来的可能性不大。我和杰克匆匆赶回家，在绝望中待了好几天。七十二小时后，父亲苏醒过来了，但右半身瘫痪，眼睛部分失明，除了喉咙里发出咕哝声，他什么也做不了。父亲当时只有五十岁，但已经无法过正常人的生活了。

我觉得自己要对此负责。我认为是我和拉里的关系给父亲带来了很大的压力，从而导致他中风的。我想我肯定让父亲无比失望了，以至于他整个人都垮掉了。

最后，我回到学校，完成了大二下学期的学业，参加了期末考试。正是由于我的"过错"，母亲只能靠一己之力养家糊口，照顾父亲，照料我的弟弟妹妹。我在受惊的状态下过完了这个学期。而如今，我完全不记得当时发生了什么。

圣诞节假期，我乘火车去丹佛的克雷格医院陪父亲住院。每天都有语言矫正专家来帮助他重新学习语言，但他从没完整地完成过。另一位治疗师会把他抱到轮椅上，推他到户外锻炼。父亲穿着病号服，站在两根栏杆之间，用他健全的左胳膊和左腿保持平衡。他尝试着把另一侧已瘫痪的沉重身体往前甩，这种走路姿势看起来很笨拙。有时，他尝试用瘫痪的手臂摸自己的鼻子，结果手朝错误的方向偏移过去。

渐渐地，他恢复了一些语言能力，但说出来的话与他的想法不符。他只能说几个主要的词，比如，当他想要一杯水、一匙流食或一个便盆时，他说出的却是"烟"。他能说的其他主要词语包括"妈的""该死的"和"咖啡"。

其实父亲头脑很清醒，他知道自己病得有多严重。有一次，他求我给他个痛快，并用左手去拉枕头。我明白，他是想让我用枕头把他捂死。我告诉他，我做不到。我理解他求死的想法，这样离开的确会更干脆，但我根本没有勇气这样做。父亲因为我的拒绝而哭泣，我也大哭了起来。

假期结束，我离开了医院，坐火车回了劳伦斯。一想到即将见到拉里，还能回校上课，我心里感到轻松了一些。但同时，我也为自己抛下父亲不管而感到羞愧。我考虑过辍学，但最终没有这样做，而是重新投入到学习和与朋友们的交往之中。

父亲在丹佛又待了六个星期。后来，克莱尔姨父和艾格尼丝姨妈开车去接他，把他送回了康科迪亚。春假时，我又见到了他。他仍处于半失明状态，半身瘫痪，除了那四个单词，说不出太多话来。他坐在我们客厅的沙发上，大声叫嚷："烟，该死的。"

"爸，你已经在抽烟了，"我回应道，"你的意思是想喝杯水吗？"

他摇摇头，表示不是，然后继续咒骂。我又问："那是要助行架吗？"

那年下学期，拉里出现了幻听，于是预约了一位精神科医生看病，医生给他开了一些治疗精神疾病的处方药。那些药导致他身体变得僵硬，行动迟缓。他跟我谈了一些根本不存在的事，我不知道该如何回应。

我在想，拉里遇到的麻烦是否也是由我俩的关系造成的。之前我总认为父亲中风是因我而起，为此备感煎熬。我觉得他们二人的健康受损，我要负全责。与此同时，我知道自己找不到更好的医疗机构来好好照顾他们。我只有十八岁，却已经痛苦到麻木。

我决定离开劳伦斯。如果我叫拉里和我一起走，他肯定会答应的。但我却想和他分手。我爱他，但他的病令我害怕。我告诉自己，我想无牵无挂，但事实上，我只是害怕了，想逃避责任。

学年结束时，我搬了家，打算趁着暑假帮助父亲做语言矫正治疗和身体锻炼。我扶着他，让他拖着半瘫痪的身体在客厅来回走动。我举起带物品照片的卡片，让父亲说出物品的名称。我举起一张桃子的卡片，他说："烟。"我举起一张汽车的卡片，他说："咖啡。"我又举起一张树木的卡片，他说："妈的。"

这个过程令人沮丧，我不敢看可怜的父亲，他的面部表情扭曲，右臂蜷缩在胸前，眼神中透露着绝望。但那年夏天我一直陪着他，至少我做到了这一点。

1967年夏天，杰克、珍妮和迪克西都搬到了旧金山。第二年春天，我和他们一起住到了波特雷罗山上的社区公寓里。来自全国各地的年轻人都聚集在那儿，每个人都想寻找真实的自我，并成为那个时代轰轰烈烈的青年运动的一部分。

那时候的旧金山经常举行各种活动和聚会，街道上活跃着各色各样的人，有演奏音乐或表演先锋戏剧的，有分发橘子或玫瑰的，还有发放传单或读书会、艺术表演邀请函的。金门公园提供免费演唱会的场地，贾尼斯·乔普林、"大哥控股公司"乐队、"杰斐逊飞机"乐队、"乡村乔与鱼"乐队以及"感恩而死"乐队等歌手都在金门公园这里举办过免费演唱会。

我在菲尔莫尔音乐厅或阿瓦隆舞厅[1]跳舞，或是自在地在塔马尔派斯山上野餐。我想以这些方式忘记身后背负的一切，完全沉浸在绵绵不绝的活力、创造力和希望之中。

后来，湾区的环境发生了变化。枪支和毒品泛滥，反社会者大批出现。然而，曾有那么一段时间，这座城充满了喜悦和善意，而我正是它强劲心跳的一部分。

天气晴朗的日子里，旧金山的阳光从蓝色的海湾和绿色的山峦反射过来；太阳从浓雾笼罩的岸边升起时，天空变成了紫红色和橘红色。海湾里点缀着白帆和通往阿尔卡特拉斯岛的游船，海面上的金门大桥犹如一条铜腰带，光彩夺目。阴天时，珍珠母般的光柱从灰白色的天空中透射出来。几乎每天早上都有雾气缓慢弥散在这个城市的七座

1　两个音乐场所均位于美国加利福尼亚州旧金山。

山间。傍晚，雾霭再次笼罩这些山顶。它就像一种生物，来去犹如呼吸般可以预测。

在北滩，夜总会的艳丽灯光和被灯光照亮的脱衣舞女标志随处可见。而在唐人街，灯笼和彩灯照耀着整片街区。旧金山正献出一场光的盛宴，这些光来自海面、天空、摩天大楼、有轨缆车以及光怪陆离的城市灯光和反射光。

有一段时间，我跟弟弟和朋友们住在一起。后来，我在菲尔莫尔街找了一处住所。当时，菲尔莫尔街是一个非裔美国人社区。我在市场街的"唐恩都乐"快餐厅工作。店的对面有个公交终点站，从越南回国的美军士兵在那里下车，来自全国各个城市的儿童也来到这里给士兵们献花。快餐厅周围有很多色情表演店，因为毗邻田德隆区，形形色色的人来店里喝咖啡、吃枫糖棒或巧克力甜甜圈。虽然我是那里唯一的服务员，但也有足够的时间跟顾客们交谈。我每天都能听到扣人心弦的故事。

旧金山给人们提供了一场感官盛宴，那里有鱼腥味、湾区海水的气味，还有工人和流浪汉身上的汗臭味。在北滩，你可以闻到波旁威士忌、廉价香水、香烟和意大利面包店新出炉的面包的气味。唐人街的空气中满是白菜、烤鸭、鱼和芝麻油的味道。嬉皮士区散发出的则是广藿香、大麻、咖啡和尼古丁的气味。

　　搬到菲尔莫尔街之前，我从未和亚洲人、非裔美国人或拉丁美洲人一起生活过。而随着时间的推移，我和非裔美国人邻居、在街角卖软塔可卷饼的墨西哥人，还有在自助洗衣店旁边赤裸着上身并分发"自由性爱"传单的活动家混熟了。即使在那时，我也知道"自由性爱"是一种自相矛盾的说法。

　　生活每天都充满了新的发现。有天晚上，摩斯·艾莉森（Mose Allison）结束了爵士乐演出，我和杰克开车送他回家。还有一次，诗人理查德·布劳提根（Richard Brautigan）给我买了一杯咖啡，想接我出去玩。有人提醒过我，这人不太可靠，于是我对他说："不用了，谢谢你。"我在"城市之光"书店的书架前读了诗歌集，那家店当时由诗人费林盖蒂打理。天气晴朗时，我会在海洋海滩（Ocean Beach）度过慵懒的下午。我学会了用塔罗牌占卜和跳苏菲旋转舞。周末下午，我和朋友们会去大瑟尔露营或在罗伯斯角自然保护区徒步旅行。

　　可以说，那时候的我过得很快活，我还在持续了解这个世界。但这个说法其实只对了一半。我生活在号称"宇宙中心的中心"的旧金山，所经历的事是几年前无法想象的。但是，我也舍弃了拉里、我的父亲以及身处堪萨斯州的其他家人。当我身心松弛下来、开始想念他们时，内心就会被悲伤和内疚填满。我像个懦夫和逃兵，不敢去面对回家时让人心碎的感觉。

大多数时候，我都会掩藏自己的痛苦情绪，但在某个晚上，这种情绪终于爆发了。那是在1967年12月，歌手奥蒂斯·雷丁去世的几个月后。美国各地的电视广播都播放过他的歌曲《港湾码头》（"Dock of the Bay"），我对那首歌很痴迷，它曾不停地在我脑海中反复播放。3月11日是我母亲的生日，那天，我乘缆车来到一个码头上，坐在那里望着大海。

那是一个晴朗、宁静的夜晚。空气如丝绸般顺滑，月亮几乎是满月，银色的月光洒在海面上。我想起奥蒂斯·雷丁的歌，心中备感难过，很快就哭了出来。我为我和他都经历过的孤独感而哭泣，也为所有的一切而流泪。我为过度劳累和心碎的母亲、孤独的弟弟妹妹和残疾的父亲哭泣，我想到父亲独自坐在家中望着窗外抽烟。我为拉里哭泣，他仍然每周都给我写信。我的心因这一切苦难而痛苦。我既无法避免痛苦，也不能避免遭受痛苦的打击。

我为迷失的自我感到悲哀。曾经的我是一个好女儿，陪伴着自己的家人，并渴望照顾他们。然而，我已经不再是那个女孩，且再也无法成为那个女孩。我不知道自己正在成为什么样的人。

我望向月亮，感觉我的心似乎正变得支离破碎。我之所以来到旧金山，是为了寻找自我，结果却在这里迷失。曾经看起来像自由的，现在就像一个华而不实的闪亮饰品。我再也不知道"**自由**"这个词意味着什么，甚至不确定它是否重要了。也许还有些东西比自由更重要——我称它为"正直"。

海面上映射着多彩的光线，这让我回想起很久以前，父亲站在得克萨斯州一座码头上的景象。强烈的情绪将我淹没——我爱这座城市，我为奥蒂斯·雷丁哀悼，同时又非常想家，我的内心似乎在极度渴望着某种无以名状的东西。我的自我意识就像反射在海面上的月光一样脆弱和缥缈。

那天晚上，港湾的月光、港口里摇晃的船只和渔人码头上反射的灯光都没有给我答案。优美的风景，它只暂时抚慰了我破碎的心，却无法照亮我前行的路。

怀孕与流浪

在旧金山待了一段时间后，我搬到了伯克利，并于1969年春天毕业。但我的生活依旧漂泊不定。我尝试过做办公室职员，但发现自己很讨厌这份工作。我得穿尼龙袜和高跟鞋，整天不出门，与文件打交道，把时间都花在一些鸡毛蒜皮的事情上，这是我无法忍受的。拿到第一个月的工资后，我就动身去了墨西哥。

那年夏天，我用这份薪水和毕业礼金租了一间小屋，开始了独居生活。在我二十一岁生日那天，我乘坐冰岛航空公司的航班飞往伦敦，在一家犹太人开的烘焙店里找了份柜台的工作。两位女老板都很友好、随和，也很容易被逗笑。她们经历过伦敦大轰炸[1]，因此20世纪60年代的困境一点也没有让她们感到害怕。事实上，正是她们的宽容、笑声以及她们做的美味面包和糕点，让烘焙店门庭若市。

空闲时间里，我会喝喝茶，在城市里散步，或去探索大英博物馆。九个月后，我非常想家，于是回到了堪萨斯州。我厌倦了身无分文和漂泊不定的生活，决心安定下来。

和家人在一起待了几周后，我搬到了堪萨斯城，参加就读医学院所需的最后几门课。不久，我便进入密苏里大学，开始学习高等物理和有机化学。

哦，我遇到了一个男人，并怀上了他的孩子，可我并不想嫁给他。我是在科学课上认识他的，起初我们相处得很愉快，但慢慢地，他的占有欲和控制欲变得越来越强，我不敢再和他来往。

我怀孕时正值秋冬季节，那是我这辈子最艰难的时期之一。母亲觉得我让家里蒙了羞，不想让我回去，即使在假期也不能。许多年前，我在手术前咬了医生一口，我很害怕被父母抛弃，会去流浪，结果现在真的无家可归了。

185

1　伦敦大轰炸，又称"伦敦保卫战""不列颠之战"，是指第二次世界大战期间，1940年至1941年纳粹德国对英国发动的大规模空战。——译者注

而且，在1971年那会儿，人们还不能接受单亲家庭，绝大多数人都觉得我这样的女人是放荡且道德败坏的。

我身无分文，孤独又脆弱。我没钱买孕妇装，甚至连一件冬衣也没有。堪萨斯城的冬天寒冷萧瑟，而我只穿着一双旧鞋和一件破旧的夹克四处游走。

在参加医学院入学面试时，我穿了一件借来的宽松套头衫，掩盖了我的孕肚。被学校录取后，我每天早上坐巴士去密苏里大学堪萨斯分校上课，艰难地完成课程。

我在医学院找到了一位医生帮我接生，他把这当成做善事。那时候，医生仍会为同事提供免费治疗，而我即将成为他的同事。

正当我几乎无家可归时，我的朋友迪克西从旧金山回来，邀请我跟她的家人和朋友一起住在广场附近的大房子里。

那是一栋带壁炉的老房子，我们十个人住在里面。尽管一贫如洗，但我们有书籍、吉他和彼此的陪伴。晚上，我会帮迪克西为朋友们做一大桌米饭、豆子、蔬菜或意大利面，男生们负责洗碗。大多数时候，我们晚上喝用苜蓿做的茶。

我和迪克西还有她的女儿们一起为圣诞节制作装饰

品，并用报纸为彼此包装小礼物。

圣诞节假期前，漂亮且爱玩的劳拉出现在我们的房子门前。之前，她和男朋友去南美洲最南端旅游，现在她回到了堪萨斯城，身无分文，还和男朋友分了手。她把自己的个人物品存放在迪克西和她丈夫弗雷德那里。此前我从未见过劳拉，但我一直穿着她的衣服。当她来到我们的住处时，我正穿着参加医学院面试的那件格子套头衫。

那件衣服是她的。幸运的是，她被我"借她的衣服穿"逗笑了。很快，我们就成了亲密的朋友。假期结束后，劳拉在广场的"玩具之家"餐厅找到了一份服务生的工作。我和她搬进了一间小公寓，那里距离我们原来住的房子有四个街区。我的睡眠质量一直不好，身体里装着沉沉的孩子，整日疲惫不堪。为了准时上课，还要在冰天雪地里赶到公交站等车。在课堂上或实验室里，我一待就是一整天，直到日落时分才回到空荡荡的公寓。大多数晚上，我都要等劳拉从"玩具之家"带点剩菜回来吃，肚子都饿痛了。

劳拉会带回来几袋蛋卷和炸蟹脚以及几盒糖醋猪肉或陈皮鸡。多亏了慷慨的"玩具之家"餐厅，我们才能吃上这等大餐。

这一次，又是我的好友拯救了我。在我最艰难的时期，她们出现在我身边。没有她们，我无法想象自己会变成什么样子。她们是那个黑暗的冬天里照亮我的光。

晨　曦

　　三月初，母亲给我打了一个电话，说想陪伴我分娩。我很欣慰，因为她又回到了我的生活中，在我的孩子出生时，她也将成为在场的医生，这更让我十分感激。我也想知道，她是否还在生我的气。但我并没有生她的气，只有一种深深的愧疚感，我觉得自己让她失望了，不再是她最宠爱的孩子了。

　　三月下旬，某个周五的下午，为期一周的春假即将到来，我的孩子决定：时候到了。这孩子真的足够体贴，知道我有整整一周时间不用上课和学习！

　　我打电话给母亲，她从家到我的医院只要三个小时的车程。我和劳拉乘出租车去了医院。给我做检查的护士说，我的主治医生出去吃晚饭了，晚点再来给我做检查。

劳拉就陪在我身边，一边给我弄刨冰吃，一边给我讲和医院有关的笑话。

晚上十点，医生终于回来了。他一身酒气，不过在给我做检查时，他表现得还是很友好、专业。他说我的身体状况良好，几个小时后他会再过来一次。午夜，母亲急急忙忙地赶到了医院。分娩过程变得越来越痛苦，她和劳拉一直陪在我身边。

我被分娩的疼痛震惊到了。我的疼痛阈值一直很高，但分娩的疼痛与平常的疼痛完全不是一码事。为什么从来没有人提醒过我呢？我记得我当时想停下来，想花几天时间做好准备再生孩子。当然，我马上意识到我无法控制孩子出生的时间，唯一的选择就是尽量勇敢地继续下去。

我慢慢地深呼吸，紧紧抓住劳拉的手，并向母亲寻求安慰。她的眼睛一直盯着胎儿的心脏监护仪。她一会儿说以后我和孩子可以去康科迪亚过夏天，一会儿又主动提出会帮我带孩子，直到我从医学院毕业。我被她的话吓坏了。我无法想象自己和孩子分开的日子，哪怕只分开一天。母亲不太了解我，这个孩子不仅属于我的家庭，他或她更是我的一部分。

这一提议很符合我母亲的思维方式。她是个务实的人，认为可以用最符合实际情况的办法来管理家庭。她不像大多数人那样了解人与人之间的依恋。也许这是因为她不擅长社交，或者她只对工作全身心投入。

大约早上五点，孩子马上就要出来了。医生过来了，母亲穿上一件手术服，我被推进了手术室。产房灯光很亮，手术台又冷又硬，我开始用力。有人给了我打了一针。我听到了婴儿的啼哭声。母亲说："是个男孩。"

我记得，接下来我被送回了病房。劳拉和母亲回我们的公寓去休息了。我感觉昏昏沉沉的，浑身酸痛，饥肠辘辘。我想见我的孩子。

很快，一名护士把我的儿子抱了进来。当她把孩子交给我时，我看着他的眼睛。他有一双天蓝色的眼睛，清澈明净，仿佛还蕴含着被我遗忘了的天地万象。

在写本书的时候，我仍然记得怀里那个小婴儿在我怀中带给我的温暖感觉，还有他柔软的金发、小小的肩膀、又长又瘦的小脚。我本可以和他单独待在那个房间里，永远地。

彼时，太阳从地平线上升起，金色的阳光从窗户照了进来。光线流淌在我们身上，像在给予我们拥抱。它笼罩着我们，笼罩着堪萨斯城一家医院里一个身无分文的失业母亲和她圣洁的儿子，这画面让我想到了米开朗琪罗的雕塑作品《圣殇》。我给儿子取名为以西结·晨曦。我知道，我愿意为他献出我的生命。更重要的是，我愿意为他成长。

壁炉的光

1972年夏，我开车去了林肯市，看看那里是否有适合我的研究生课程。人类学系录取了我，但不提供任何经济支持。我心血来潮，穿过一片绿色的草坪，参观了位于伯内特厅（Burnett Hall）的心理学系。临床心理学系主任是南方人，名叫詹姆斯·科尔，说话细声细气的。我运气很好，他当时刚好有空。

我们聊了几个小时。他查看了我的成绩单和考试分数，给我提供了一个全额奖学金的临床培训项目名额。他如此慷慨的行为令我震惊，我一时没晃过神来，几乎是飘着回到了车里。现在，我和儿子齐克[1]的未来有盼头了。

---

1 在美国，常将以西结（Ezekiel）简称为齐克（Zeke）。

上课的第一天，在科尔博士的办公室外面，我看到一个又高又瘦的男人。他看起来像美洲原住民，穿着牛仔裤、西式衬衫和牛仔靴，长发往后梳，扎成马尾辫。

在等待科尔博士时，我向他介绍了自己，兴奋地谈论这门课程。吉姆只是爱搭不理地回上一两句。后来我才知道，他在前一晚的音乐节上获得了"最佳歌手"奖，高兴得几乎一夜没睡。而且，他对读研究生的兴趣不大，只想尽快成为一名全职音乐家，读心理学只是他的后备计划。

第二天，研究生院的师生在一神论教会举行了野餐活动，我带着齐克一起参加。那天下午阳光明媚，齐克一见到操场的游乐设施就十分兴奋。我高兴地看着这顿百乐餐[1]，餐桌上摆满了我买不起的食物，比如炸鸡、火腿和新鲜的草莓派。研究生同学们来自全国各地、各个种族。我所参与的项目组除了吉姆以外，还有两名修女、两个来自南方的非裔美国人以及两名拉丁裔美国人。其中一些同学已结婚生子，齐克可以跟他们的孩子成为朋友。

我在这批研究生当中显得有些特别，因为我是一名

1　百乐餐（potluck）是指每位客人自带一份食物与大家共享的聚餐形式。

未婚母亲，毕业于伯克利的学校，并且是心理学领域的新手。而且，我还穿着超短裙、皮背心，扎着束发带，看起来像个嬉皮士。同学们很友好，但一些教职员工对我有戒心。我能从他们问我的问题当中看出来，他们想弄清楚我的底细。

齐克想玩秋千，吉姆主动提出带他去玩，这也让我可以无拘无束地跟其他学生和教授交谈。我借此机会向老师们保证说，我是一个认真的学生，能兼顾研究生学业和独自抚养孩子。在这次野餐会上，我玩得很开心。心理学家天生都是善良、有同理心、善于观察的人。能跟这些同学一起度过未来四年，似乎是一个不错的选择。

齐克也得到了同学们的关注。他当时只有十八个月大，活泼又外向，老师和同学们总是给他饼干吃，把他抱在怀里。在我印象中，那是最愉快的一段时间，我遇到了一群更有趣的人。吉姆愿意帮我带孩子，让我有时间跟别人交流，我很感激他。

后来我才了解到，原来吉姆只是看起来像美洲原住民，而实际是德裔美国人，和家人在密苏里河沿岸的伯特县定居。一开始的时候，我们临床心理学小组成员决定一起学习统计学。教授这门淘汰课[1]的是一位捷克的老人家，他曾是"二战"时期的数学研究人员。作为统计学家，他很出色；但作为老师，他有些糟糕。研究生级别的统计学涉及概率论、研究方法和方差分析，学起来十分困难。我们每周会在我的公寓开几次学习研讨会，在齐克入睡后的晚上八点左右开始。

那时候，我住在A街一栋三层的破旧公寓里，每层有两间房。我的对面住着一对老夫妇，妻子叫米莉，丈夫叫雷。我偶尔晚上要出门时，他们就帮我照看齐克。我住的公寓有一条通往侧院的门廊，以及客厅、餐厅、卧室、浴室各一间。屋里家具齐全，最豪华的就是客厅里那个优雅的老式壁炉。我买了些柴火，这样我就可以坐在炉火旁学习了。

读研究生的第一学期，吉姆的统计学学得很好，所以经常给我们讲解统计学的知识。我没有世界上最好的数学头脑，所以对这门课没有信心，也不感兴趣。我需要额外的辅导。学习研讨会结束后，吉姆会留下来帮我。第一次

---

1 美国医学院通过设置具有挑战性的淘汰课来评估学生的能力，淘汰课成绩较低会拉低学生的平均学分绩点（GPA）。

单独辅导前，我俩都明确表示，我们只是学习伙伴，永远不会成为恋人。我们不想让各自的生活变得太过复杂。

吉姆做事深思熟虑，洞察力强，为人风趣。我们考试之前，他会把一家卡车驾校的电话号码写在黑板上，然后说："记住，朋友们，咱们还有其他选择。"在学校的教室里，他经常模仿我们的教授，惹得我们大笑不止。有时候，我那用七十五美元买来的卡尔曼·吉亚汽车打不着火时，他就会送齐克去大学开的幼儿园，然后再回来送我去上课。

我发过誓，在获得博士学位之前要保持单身。我能够读研究生就已经很幸运了，所以不会让任何事情干扰我。我也早已做好打算，以后如果谈恋爱，一定会认真谨慎地选择。我希望能和下一个恋人走进婚姻的殿堂，而他能成为齐克的父亲。显然，吉姆不是那种能保持长期恋爱关系的人，当然，他也不想因为恋爱而影响学业。而且吉姆比我小两岁，还是摇滚乐手。他希望能和他的乐队一起进行全国巡回演出。所以，我们只是做了个简单的交易，没有谈恋爱。

在九月、十月和十一月，我们一直保持着这种关系。到了十二月，我们的学习小组在期末考试前举行了最后一次学习研讨会。屋外下着大雪，大多数人早早就回家了，但我被协方差搞糊涂了，请吉姆留下来为我讲解。他往炉火里又添了一根木头，我又给我们俩倒了点儿咖啡。齐克在隔壁房间睡得很香，而我们并肩坐在沙发上学习。

那是一个美好的夜晚。屋外柔软的雪花环绕着红松飞旋，覆盖了我的门廊。我可以从汽车前灯的灯光中看到快速落下的雪花。偶尔，狂风会让破旧的老房子摇晃一下，提醒着屋里的我们有多么幸运。雪松木在熊熊的炉火中噼啪作响。火光在房间里舞动，照亮了吉姆的脸，在他深棕色的头发周围形成一个光晕。

198

火星爆裂，火花闪烁了起来，而这不仅仅是发生在壁炉里。当我听着吉姆耐心而清晰的解答时，我发现自己被他吸引住了。我抑制住那种感觉，继续学习。可当我们的手不经意间碰到时，我觉得自己仿佛触摸到了火。

终于，在晚上十一点左右，吉姆认为我已经很好地理解了协方差，足以通过期末考试了。由于那天早上五点我就被齐克弄醒，又学习了一整天，此刻已经筋疲力尽。不过，我还是想邀请吉姆留下来喝杯红酒。可考虑到我当时的感觉，我不敢那样做。

吉姆穿上了他那件厚重的外套，似乎在犹豫是否要离开。我们都站在原地，看着炉火和窗外洁白的世界。

我的想法让我脸红，脸红又使我感到非常尴尬，结果脸更红了。

吉姆把手放在门把手上，但他没有开门，也没有像往常一样愉快地跟我道别。他一直盯着自己的牛仔靴，不安地搓着怀里的书。突然间，我感到心跳加速，喉咙发干。我知道，我将要做一些违背我的理性并影响学业的事情。但即使我感到了危险，也觉得必须这么做。

我直视吉姆说："我开始对你有感觉了，不是学习伙伴的那种感觉。"

吉姆抬头看着我。我举起手掌，做了一个绝望的手势，尴尬地把目光移开了。我觉得自己说了不该说的话。吉姆似乎沉默了很久。我终于鼓起勇气，又望向他。我知道他因为我说的话而陷入挣扎。我担心自己已经让他为难了。

终于，他粗声说道："真该死，我也有这种感觉。"

这句听起来如此沮丧的话让我们俩都大笑起来。我邀请他留下来喝杯红酒，一起聊聊天。我们坐在炉火边，谈论着我们的处境。我们内心都有很多疑惑，我们的谨言慎行与我们体内的荷尔蒙又如此矛盾。一个小时后，我们互吻道了晚安，一个不属于学习伙伴之间的亲吻。

那天晚上，我们不知道的是，我们会在未来超过四十八年的时间里相濡以沫。我们无法预料到未来相处时的冲突和情感起伏，以及工作和家庭中的各种挑战，我们还会搬很多次家，四处旅行，以及会以写作和音乐为生。我们没有预料到一起在殡仪馆和墓地的经历，与父母的离别，还有2020年的混乱。我们一起建立了家庭，而这个家现在有十二名成员，我们还拥有很多朋友。我们一起看了数百场游泳比赛、小提琴独奏会、排球比赛和足球锦标赛。几十年来，我们一直结伴出行，他陪我到各个地方做演讲和主持研讨会。十二月的那个晚上，在壁炉的火光中，我们即将迈入未来生活的门槛，所看到的只有光，所感觉到的只有热。

父亲的离世

　　1975年4月，我经历了艰苦的博士资格综合考试。这次考试需要我们完全凭记忆引用多份研究论文来回答问题，每天考六个小时，连续考一周。从那年一月份开始，我就一直在为这场考试做准备。父母也知道我担心自己考不过，因为任何一个环节的失败，都会让我无法获得博士学位。

　　考试结果公布那天，父亲打来电话问我是否通过了。他说得断断续续的，我几乎听不懂他的话，但知道他想问什么。"是的，爸爸，我通过了。我很快就能拿到博士学位了。"

　　我能感觉到他想了解更多的细节，但我刚刚订购了比萨，准备和同学们去野餐庆祝一番，而比萨已经打包好了，我要马上去取走。"晚点再跟你聊，"我说，"我现在赶时间，谢谢你打电话过来。我爱你。"

父亲说："香烟，香烟。"

我知道，他想说的是"我爱你"。

四天后，母亲打来电话，说父亲又中风了。我和吉姆带着齐克开车去医院的重症监护室，整宿守在那里。除了杰克，所有家人都在医院。很快，杰克也要从旧金山坐飞机回来。我们带了帐篷，就睡在急诊室的等候区里，轮流照顾父亲。

我们在那里度过了漫长的两天。母亲脸色很差，看起来疲惫不堪。我们几个孩子都不知道该说些什么。若是闲聊，这样的场合令人感到尴尬，而一想到我们可能失去父亲，便更无话可说，只能一边看书、打牌，一边等待消息。

此时的父亲正戴着氧气面罩，躺在重症监护室里。他的皮肤呈现出一种奇怪的蓝色，手摸起来又冷又重，仿佛已经离开了我们。他的肩膀上被开了一个输液口，各种透明塑料袋里的液体通过管子流入那个口子。床边挂着导尿管袋，还有各种闪着蓝色、红色、白色光的仪器监测着他的生命体征。我关注的是心电监护仪，那条跳动的曲线代表着父亲快速而不规则的心跳。

他脚上的皮肤干裂开了，我在他的脚上涂了些羊毛脂护肤霜。我凑近他的耳朵，感谢他每年夏天带我们去滑水，去墨西哥旅游。我说，我很高兴他认识了吉姆和齐克。我告诉他，我过得很好，希望他能为我感到骄傲。我不能说他是个好父亲，因为他曾经给我们几个孩子带来了太多的伤害。但我告诉他，我知道他爱我们，而我们也都爱他。

我们在医院搭帐篷过了两晚，第三天黎明时分，医生过来对我们说，是时候关掉重症监护室的仪器了。他们说，父亲已没有明显的大脑活动，再也醒不过来了。我们看向母亲。她皱起嘴唇，浑身颤抖，但还是点了点头，表示同意医生的建议。

我们聚在重症监护室的小隔间里，跟父亲做最后的告别。我多么希望杰克此刻和我们在一起，但他要到晚上才能赶到医院。我询问是否可以等一等，但这事由母亲和其他医生说了算。

和父亲在一起的最后几分钟里，我抱着他的头和肩膀，亲吻了他的额头。我记得，在我三岁时，他给我讲过一个故事。当时，他正准备动身前往韩国，而我一直在院子里骑着三轮脚踏车，假装对他的离去漠不关心。他穿着卡其色军装，提着一只沉甸甸的行李袋从楼上走下来。他弯下腰，要我跟他吻别。他哭了，但我硬着心肠，看着他的眼睛说："你会后悔的，爸爸。"

现在我明白了，他那天是多么地难过。但今天，我知道他会为自己的离开而感到高兴，我也为他感到高兴，因为他终于可以摆脱多年来生活无法自理和大脑受损带来的痛苦了。

我看着心脏监护仪的那条线变平、变缓，直到成为一条直线，再也测不出任何东西了。弗兰克·休斯敦·布雷与世长辞，享年五十九岁。

我们拆掉了候诊室的帐篷，抱着毯子和书走出医院，步入清晨的阳光。室外的光线太亮了，几乎刺眼。过去的两天里，候诊室就是我们的全世界，而现在，我们不知道该如何面对眼前的这个世界，这里的水仙花和郁金香正在盛开，邻居们朝我们挥着手，准备去上班。

我对家人们说，我想单独待一会儿。我沿着漫漫长路步行回家。我在努力克服一种复杂的悲伤情绪。

如果父亲在1967年第一次中风之前去世，我对他的感觉可能更多是愤怒，毕竟他经常鞭打我的弟弟们，还说我不够漂亮、找不到丈夫，并且一次又一次地离开我们，一走就是很长一段时间。但从他中风到去世前，我看到他承受了难以想象的痛苦。他无法正常走路和说话，双眼几乎失明，半侧身体瘫痪，只能用左手托着右手。他的健康状况时好时坏，有时身体恢复得不错，又再一次中风，之前为康复所做的努力前功尽弃。

他的老朋友弃他而去，家人也很少在他身边。有时候，他会乘着割草机在家附近逛逛。他尝试过单手做饭，但火候没掌握好，在做了几次带血的鸡肉和没煮熟的豆子后，就再也不尝试了。他不得不费力地做每件事。上楼梯、吃东西或者表达想法，所有这些都很艰辛。看到这一切，无论那些年我的心里积压了多少愤怒，都云消雾散了。我感受到的只有爱和同情。

父亲的人生短暂而艰苦。"大萧条"时期，祖父去世，祖母在我们国家最贫困的地区抚养着三个孩子。她结过七次婚，我父亲的几个继父都打过他。从小时候起，他就光脚走路，脚上全是那时候留下的烫伤和其他伤痕。

和"猫王"埃尔维斯一样，他一辈子都没有从失去他母亲的悲痛中恢复。祖母为我父亲提供了稳定的生活基础。他的妻子忙于工作，经常缺席，而他三个长大了的孩子都变成了他所认为的"嬉皮士"。

家族的病史令他害怕。他的祖父曾患有精神病，他的父亲在1929年股市崩盘后就自己去了锡代利亚的州立精神病院，并在那里住了一辈子；还有其他亲戚也患过精神疾病。因此，我父亲不仅怕自己变得精神不正常，也怕把精神病遗传给几个孩子，这种恐惧使他的心态失衡。

与父亲的继父相比，我父亲对孩子算是仁慈的。毫无疑问，他打我弟弟的次数比他被继父打的次数要少得多。他给了我们房子、很多的食物、衣服和玩具，而这些物质条件都是他小时候从未拥有过的。

责之深，爱之切，他经常批评和训斥我们。他觉得，如果我们读书成绩优异，能考上大学，就有了经济保障，我们就能过上无忧无虑的生活。他想让约翰和我成为医生，杰克成为律师。尽管他自己并没有实现这些目标，但还是希望我们变得富有，受人尊敬，融入上层社会。

当然，他这辈子过得很开心。读高中时他是运动员，"二战"时和我母亲谈了恋爱。后来，他喜欢在墨西哥湾沿岸钓鱼，开车带我们全家人去黄石公园和布莱克山（Black Hills）。但是，他常年过着与家人分离的生活，也远离了自己破碎的心。

列举我父亲的缺点是件很容易的事，而要细数他的优点则困难许多。父亲的优点其实很多，但他只是偶尔才会表现出这些优点。他是一个复杂的人，曾遭受极大的创伤，内心满是愤怒和恐惧。但他也很有胆识，敢于自我牺牲，喜欢玩乐。他也有慈爱和温柔的一面。他喜欢拍花和鸟的照片，写得一手好字。即使在我七十多岁的时候，我也无法把对他的情感做个总结。可以说，他和我所认识的任何人都一样，是光明和黑暗的混合体。

几十年来，我始终觉得父亲之所以中风，是因为我那年反对越南战争，以及曾带拉里回家过感恩节。后来，父亲要我帮他自杀，我拒绝了，还抛弃了家人去了旧金山和欧洲，这些事都让我感到愧疚。岁月流转，这种愧疚感已经有所减轻。我不认为我应该接受父亲的政治信仰，或对性避之若浼。即使是现在，我也不确定自己能否帮助别人实施安乐死。我希望当年在父亲中风后我曾多陪伴家人，不过经过数年颠沛流离之后，我最终还是住在了离父母近的地方，直到他们去世。

以前我会说，我生命中最复杂的关系就是我和父母之间的关系，但现在的我不会这么说了。我的孩子已经成年，我跟他们之间的关系同样复杂，有着同样的内疚和快乐，依恋和失去，恐惧和爱。

第六部分　　　安家

7月4日

在孩子还小的时候，我们全家都习惯骑自行车出门。早上，我骑自行车去大学教书；中午，我骑自行车去出诊。我的儿子齐克、女儿萨拉和他们的朋友们也会骑着自行车在社区里闲逛。夏天吃完晚饭后，我们全家经常沿着林肯市的小路骑行。

7月4日，我们骑着自行车穿过人群，去霍姆斯大坝（Holmes Dam）看烟花。这是一次重要的旅行。我们带了一条毯子、几瓶水和晚上吃的零食。我们在汽车、自行车和行人间穿行，大家都朝着同一个方向前进。空气中弥漫着刺鼻的烟雾，人行道和街道上到处都是黑色的纹路，那是燃放小型烟花留下的痕迹。我们周围的人在放"手指饼干"和"黑猫"牌的烟花，草坪和汽车收音机里传来音乐

声。最终，我们到达了大坝。坝的两侧早已人满为患，我
们只能寻找另一处开阔地。

找到合适的地方后，我们等了很久，夜幕才降临。伴
随着广播里的爱国乐曲，我们四处寻找朋友和邻居。那时
候还没有手机，通常情况下，我们找不到任何熟人。假期
的游客犹如汪洋大海，我们皮弗一家就像人海中的孤岛。

我躺在毯子上，看着夕阳西下的天空。我们的孩子和
附近的孩子玩起了飞盘，有时又探索着我们所在的区域。
天黑前，我们一起坐在毯子上，分享饼干和苹果，等待着
烟花表演。

我的女儿萨拉有一头金发，她当时已经上学了，而且
还是一个初露头角的讽刺喜剧演员。有一次，我说我们所
做的某件事是出于"母女间的情谊"（bonding），而她建议
用"母女间的绑带"（bondage）来形容会更贴切。萨拉也特
别能聊天，她可以把一个小时的生活经历讲上一两个小时。

我的两个孩子都是游泳队的。齐克是游泳冠军，读高中
时每天都要游几个小时。他还练空手道，而且是棒球队的投
手。练了一天游泳和空手道后，他饥肠辘辘地回到家。我会
准备好晚餐，看着他狼吞虎咽地把整盘的千层面或我自制的
墨西哥玉米卷饼吃完。齐克和吉姆都很擅长模仿，而且非常

有趣。我简直是跟三个喜剧演员住在同一屋檐下。

那些年里，我一边在大学教书，一边当心理治疗师，闲暇时在家里做清洁、做饭，接送孩子上下学，监督孩子做作业，还要参加孩子的音乐、体育和学校的其他各类活动。我忙个不停，但我喜欢这种忙碌的生活，它让我感到安稳和快乐。我终于过上了稳定的家庭生活，拥有了一个井然有序的家。吉姆在几个优秀乐队里担任乐手。孩子们有自己的朋友，每个人都回家吃晚饭。

即使在那时，我也知道"幸福"的定义之一是躺在毯子上和家人一起看烟花。齐克和吉姆会四仰八叉地躺在毯子上，我和萨拉则舒服地依偎在他们中间。终于，第一束炫目的烟花在天空中绽放，人群发出了欢呼声。

每次烟花点亮夜空，我们一家都会对它们加以评论，每个人都要选出本年度最喜欢的烟花。有几次烟花让我们停止了呼吸，我们能听到上千人同时发出惊叹声。我们喜欢所有绽放的烟花，白色的如滑落的流星，绿色或红色的如爆裂的气球，五彩缤纷的如发光的瀑布，橙色的如无限膨胀的圆环。我最喜欢的颜色是蓝色，但这种颜色的烟花出现得最少。每次出现蓝色烟花时，我的孩子都会说："那是你的，妈妈。"

回首过往，我意识到，那是我过得最开心的时期。我喜欢孩子们围绕在身边，喜欢晚上的大餐、"冰雪皇后"牌冰激凌之夜、棋盘游戏和学校嘉年华。我喜欢每一次的生日聚会、节日大餐、游泳比赛和小提琴演奏会。我喜欢在下雪的日子里，全家人一起用雪做冰激凌，乘雪橇，滑冰和堆雪堡。晚上，外面下着暴风雪，我们躺在床上，这让我感到很幸福。

童年就像天空中绽放的烟花一样转瞬即逝。现在，我的儿女已经四十多岁了。他们俩不住在林肯市，都在为各自的生活忙碌着。我们保持着密切的联系，但如果让他们在我家里过上一夜，那可是件难得的事。

不过，我仍记得和年幼的孩子们一起度过的那些岁月。那是一种理想化的记忆，它随着时间的流逝而变得璀璨。当然，吉姆和我偶尔也会吵架，我们与孩子、孩子们相互之间的相处也并不总是和谐的。我们的生活就是电影《希腊人佐巴》中所说的"全灾难人生"[1]。然而，记忆赠予了我们一份厚礼，那就是我们可以选择沉浸在灿烂的时光中。

---

1 《希腊人佐巴》(*Zorba the Greek*) 是 1964 年上映的美国电影，讲述了两个不同阶层和个性的男人之间的友情。"全灾难人生"来自电影中佐巴的台词。——译者注

我仍能听到萨拉用钢琴演奏《致爱丽丝》，听到她用小提琴演奏巴赫的《双小提琴协奏曲》。我可以想象到，在某个炎热的夏夜，齐克在城市公园投篮，或是他穿着黄黑相间的运动夹克从学校回来，头发因为刚练习完游泳而湿漉漉的。我能听到我们在落基山脉徒步时脚下的树叶嘎吱作响，也记得我们在帐篷里谈论着美洲狮和熊。

　　我很庆幸自己拥有丰富的记忆。每当感到孤独或沮丧的时候，我就会回忆往事，尽情地享受过去的点点滴滴。它们犹如寒冷、灰色的冬季天空中绽放的烟花，迸发出蓝色的光芒。

奶油糖果色的光

　　我母亲的家人大都喜欢落日。每天夕阳西下时，外祖母会从农庄出发，步行1.5公里去取邮件。在沙尘暴肆虐的农场辛苦劳作了一整天之后，她钟情于辽阔天空下的宁静。贝蒂姨妈和玛格丽特姨妈也喜欢看落日，傍晚时分，我经常和她们在乡间小路上散步，总是十分开心。

　　成年以后每次回老家时，我和母亲也会在日落时分花上很长的时间去散步。我们爬上南边陡峭的小山丘，然后向西走，穿过六公里长的街区。如此长距离的散步，让我们有足够的时间去观察天空颜色的变化，聆听鸟儿的轻声鸣叫。

　　我们会路过一个四周长满棉白杨树的小池塘、一个有马儿奔跑的牧场、一座破旧的农场和一间已经风化了的谷仓。五月底，麦田犹如一片金灿灿的海，而在九月，田沟里长满了向日葵和红火的漆树。在秋天，阳光是奶油糖果色的。当我们向北走完最后一公里时，天空中已经出现点点繁星。

刚开始散步的那年，我发现了母亲1935年的高中年鉴，年鉴是由纸板制成，并用绳子装订的。由于多年的磨损，现在它就像天鹅绒一样柔软。我问了母亲一些与她高中同学有关的问题，比如谁是她最好的朋友？谁最聪明？谁学习最努力？或者谁最招人喜欢？

母亲一一回答了我的问题。她虽然很害羞，不善于社交，但拥有敏锐的观察力。她能记得哪个女生为人正派，哪个走路内八字的男生梦想成为篮球明星。她告诉我，有个女同学急着结婚，后来选择了第一个跟她约会的男人。她还会告诉我谁整个冬天都在喝玉米汤、谁的父亲死于一场冰雹。

我们聊到了我当时正在看的书。母亲没有时间阅读，但她喜欢和我探讨我在阅读过程中遇到的问题。我们都喜欢赛珍珠写的书。早在美国海军服役期间，母亲就读过她的书，我是在刚成年时接触到她的著作的。赛珍珠的作品引发了我们对种族偏见的探讨。赛珍珠终其一生，致力于帮助亚洲和美国的公民相互理解，增进友谊。母亲告诉我，随着年月的流逝，她已经改变了自己对美洲原住民、非裔美国人和亚洲人的看法，她说："我欢迎任何种族的人加入我的家庭。"

母亲还喜欢和我分享她对伦理难题的看法。她知道我对如何处理家庭暴力或临终问题很感兴趣。在临终问题上，我和她的观点存在分歧。母亲认为所有的生命都是神圣的，她反对帮助别人自杀或安乐死。我告诉她，到我临终那天，我赞成用医疗手段对我实施安乐死。

三十年来，每当我回老家，我和母亲都会去那六公里外的街区散步。她每次散步都穿着同一双粗布材质的露趾低跟凉鞋。冬天的时候，她就多套上一双袜子。在穿了多年的高跟鞋后，她的脚已经变形了。只有穿这双凉鞋，我们才能走那么远的路。

没有什么比外出散步更能让母亲高兴的了。从我读本科到研究生，从父亲中风到去世，从我孩子的童年到我做教师和心理治疗师的这些岁月里，我和母亲的散步从未停止过，一直持续到1991年。那年的某天晚上，我们走了大约1.5公里后，母亲说："我想坐下来休息一会儿。"

她以前从未这样说过，这让我有一种恍如隔世的感觉。她只有七十三岁，看起来和附近马场的马儿一样健康、强壮。她仍然每天工作很长时间，晚上只睡几个小时。我在内心深处，一直觉得母亲和上帝或高山一样永远不会衰老，她的言行也让我们对此坚信不疑。

她坐在路边的一块大石头上，满脸通红，呼吸急促。我看着她，知道她会再次离开我，而且比我预想中的要快很多。

我感觉有一大块冰慢慢地穿过我的身体，然后从脚趾渗了出去。这种彻骨的冷意让我僵在那里很长一段时间。寒冬似乎已经提前来临。

女儿的光

我和吉姆结婚一年后，萨拉出生了。她是个瘦长的孩子，有一双黑橄榄般的眼睛。到了会说话的年龄，萨拉会指着云、动物和人问我："辣个？"然后又问："辣个？"她想知道用什么样的词来描述眼前的人或事物，她想知道一切。

成长为少女后，萨拉就像一个由色彩、情感和能量组成的万花筒，随时会进入亮闪闪的模式。她喜欢穿亮红色、紫色和绿色的衣服，就像一只鹦鹉。

当听到弹球机的声音时，她会问："那种'咕隆咕隆'的声音是什么？"当听到一列火车的声音时，她则会模仿道："哐哧，哐哧。"

我还记得她两岁时候的样子：一头金发，皮肤被晒成了棕褐色，穿着黄色背心裙，吃着刨冰。三岁时，她穿着亮粉色的两件套泳衣，在公共游泳池的浅水区一遍遍地练习潜水。六岁时，她站在城里历史悠久的蓝调酒吧"动物园酒吧"的舞台上，用她的1/4小提琴演奏巴赫的《第二号小步舞曲》以及《无穷动》。观众们为她的表演鼓掌欢呼，赞声不绝，热烈喝彩如一股气浪般，几乎要把她吹倒了。

圣诞节时，我和萨拉穿着同款粉色条纹法兰绒睡衣，依偎在壁炉前。我们一起做了银河饼干——先把面粉揉成小面团，外面再裹上一层巧克力片、核桃或马拉斯奇诺樱桃，然后放进烤箱烘烤，最后撒上糖霜，并点缀上亮晶晶的糖粒。

我做晚饭的时候，萨拉就在我们朝北的那间冰冷的房间里练习克莱门蒂的《C大调小奏鸣曲》或铃木曲目（Suzuki repertoire）中的另一首曲子。我们每年都参加大学剧院的《圣诞颂歌》演出。每当幕布升起，萨拉都会用力捏着我的手。

有一天，我开车送萨拉上学，路上撞到了一只松鼠。她刚好转过身，看到松鼠在我们身后的路上翻滚，身上流着血。她一路抽泣，咳嗽，哽噎。我们不得不掉头回家，我临时取消了看诊。萨拉十分伤心，直到我告诉她，为了弥补过失，我们会加入动物救援组织，她这才缓过劲儿来。

和我小时候一样，萨拉也一直致力于救援动物。她会把虫子和毛毛虫从人行道上捡起来，以免它们被行人或自行车压到。每一次在高速公路上遇到龟，她都坚持要我停下车来，把它们抱到道路外面，帮助它们脱离危险。

萨拉在六岁那年的圣诞节请求我买一只小猫作为礼物。吉姆和我都坚决反对，因为她患有轻度哮喘，此前还刚得了肺炎。但是，和往常一样，萨拉与我们展开了一场又一场争论，直到我们屈服于她的意志，或者用吉姆的话说——我们作出了"让步"。

平安夜那天，我们建议萨拉去看一眼她粉红色的公主床。齐克、吉姆和我跟着萨拉走进卧室，她发现了那只蜷缩在枕头上的小暹罗猫。萨拉倒吸了一口气，无比震惊。她先是默默地盯着小猫看了一会儿，然后把它抱起来，仿佛那是一件神圣之物或珍贵的艺术品。她双手窝成杯状，把小猫咪托在胸前，轻声细语地和它说话。她的眼睛里满是温柔，在我的想象中，这种温柔只会出现在耶稣的脸上。

萨拉的座右铭大概是"我觉得一切都很好"。读书时，她学过诗歌、艺术和陶艺课程，喜欢拼字比赛、野外考察、游泳，喜欢去儿童动物园和州立自然历史博物馆的"大象馆"游玩。

她最喜欢的是旅行。我们全家外出度假时，萨拉从不闹着要回家。我们从科罗拉多州的黄石公园或奥扎克斯归来，快到林肯市时，她乞求道："我们继续开下去吧。"

成年后的萨拉有时会让我给她端杯咖啡。我会往我和她的杯子里倒足咖啡，但她会让我再多倒点儿。我就一直倒，直至咖啡刚好溢出杯子。然后我停下来，对她说："萨拉，咖啡快溢出来了。"

萨拉则回答说："这正是我喜欢的方式，就要它溢出来。"

当然，像大多数母女一样，我俩的关系也有紧张的时候。萨拉比较情绪化，她的紧张情绪有时会令人厌烦。青春期那会儿，她有时和我亲近，然后又把我推开。她经常有某种想法，却不想对我说，还为此而生我的气。我对她这种做法表示抗议，她又会说："我知道你在想什么。"

她说得对。

萨拉对这个世界很敏感，这很容易使她感到难过，也容易产生同情心，变得慷慨。十三岁时，她成为素食主义者和善待动物组织（PETA）的成员。她还和我一起为一家慈善组织工作，专门为无家可归者提供咖啡，让他们也可以淋浴。

　　母亲曾告诉我，老年男性在弥留之际经常会幻想自己在暴风雪中驾驶马车回家。他们会对自己的马队喊道："坚持住，坚持住，我看到前面房子窗户里的灯光了。"她还说，老年女性在弥留之际则会呼唤自己的母亲。也许在快离开这个世界的时候，我们也会呼唤我们的女儿。

　　和萨拉在一起的那些年月里，我们也有过激烈争吵的时刻，而且她现在定居在遥远的加拿大，尽管如此种种，我们总会密切关注彼此的日常生活、人际关系和情感经历。我们尽可能地在最深刻的层面上理解彼此。

　　有一道光，贯穿于我们母女之间，那道光如月光般皎洁，也存在于我的母亲和我的外祖母佩奇之间，存在于我的苏格兰裔外曾祖母和我的外祖母之间，以及所有的母亲与女儿之间。

母亲的离世

在母亲生命的最后一年，她住进了医院。她患有多种疾病，包括糖尿病和肾衰竭，而且在这之前就患上了心脏病和癌症。虽然我住的地方离她所在的医院有三个小时车程，但我是她的家人，必须去照顾她。当时，吉姆每个周末晚上都有演出，十几岁的萨拉正需要大人的监督，而我正在做全职的心理治疗师，还要指导研究生的临床实践工作，恨不得把一份时间掰成三瓣来用。尽管如此，我还是每周至少去一次堪萨斯州，后来甚至每周去两次。

和大多数长期住院的病人一样，母亲的身体越来越虚弱，也不再那么机敏了。最终，曾经活泼敏捷的母亲坐上了轮椅，连现任总统的名字都说不出来。我每次去探望她，都会带上一本书，给自己带一罐"拉克鲁瓦"牌气泡水，给她带上黑咖啡。有时候，她会主动要求吃点儿特别的东西，比如肝泥香肠或新鲜的绿葡萄。

母亲太过坚忍了。有一天，护士问她感觉如何，她说："还行，我不像昨天那样感到恶心想吐了。"

护士看起来很惊讶。我问母亲："妈妈，你昨天跟别人说过感觉恶心吗？"

"没有，"她说，"我觉得这不重要。"

当我问及她的健康状况时，她总会说："让我们聊一聊更有趣的事吧。"

她渴望了解我家里发生了什么，而我只报喜不报忧。她喜欢听吉姆最近讲的老掉牙的笑话和乐队的故事。她想了解我的写作课上得如何，并非常希望我的书将来某天能够出版。

我们暂时忘却可怕的当下，沉浸在过去的美好当中。我们聊到了奥扎克斯的夏日、我的孩子在婴儿时期的样子，以及在餐厅吃过的令人难忘的大餐。

我提到了我们在堪萨斯州一个泥泞的湖泊里发生的事情。当时，我们把精灵罗莎丽塔落在那里了。当我们回去找它时，它正在我们停过车的地方耐心地等着。母亲喜欢听我回忆墨西哥湾沿岸的海滩，还喜欢听我讲以前家庭聚会的事。每次聚会，她会和姐妹们一起喝咖啡，吃馅饼，一直聊到午夜。

母亲擅长忘记那些令人痛苦的事情，她不想就这样死去，她努力熬过了一个又一个危急的时刻。为了活下来，她接受了限制性和侵入性手术。她没有在"拒绝心肺复苏协议书"上签字。她向我保证，她的身体将迅速康复，很快就可以回家了。

她经常出现幻觉。有一次，她以为自己在做意大利面和肉丸，对我说："快点儿把那些洋葱拿过来。"有时，她则说："我需要多加点儿西红柿和牛至。"还有一次，她以为自己正在给孕妇接生："呼吸平稳，用力，用力。"再有时，她说的是"护士，一定要抓住孩子，抓紧点"。

在临近生命的尽头时，她的身体几乎无法动弹，也说不出话来。她躺在重症监护室里，身上插满了管子。

我最后一次去探望母亲时，她已奄奄一息，但她能看见我，也能听到我说话。我给她编了一个催眠的故事，故事发生在朝鲜战争期间，那时我父亲不在家。我告诉她，我们现在听到的是一条山涧小溪的潺潺流水声。我跟她描述道，我们外出野餐，吃着三明治和芥末蘸鸡蛋，然后脱下鞋子，卷起裤管，在冰冷、湍急的河水里戏水。天空是宝蓝色的，我们把这种颜色称为"石青色"。

空气很清新，闻起来像松树的气味。我告诉她，重症监护室仪器上的灯光来自遥远的丹佛。我们现在只能隐隐约约看到一些，但等到太阳落到落基山后，我们开车下山入城时，那灯光会变得更亮。我们接近灯光时，就离家就不远了。

和外祖父一样，我母亲也不想孤零零地离开这个世界。然而，在她去世时，我们都没有在她身边。

当护士打电话告知我母亲已经离开时，我正在为我的患者提供心理治疗。听到这个消息，我并未感到难过，而是觉得精神恍惚。我好像已经麻木了，完全切断了情绪感知。

母亲走后，那几块冰穿过了我的身体。尽管穿着厚厚的毛衣，我也感觉冷得发抖。到了晚上，我甚至需要多盖几条毯子。年龄越大，我们越无法接受独自一人。

如今，我还不确定自己是否接受了母亲已经去世这个事实。有时候，我仍想打电话给她，告诉她某件事。当我看到我的孙辈们做出一些好看的物件时，我希望母亲也能看到。当我在一家豪华餐厅吃饭时，我希望她也能品尝到这些食物。晚上，我与母亲在梦中相会，我很高兴见到她。每一天，我的脑海里都能听到她的声音。她说："你们要相亲相爱。"

写 作

在成为一名心理学家并且有了孩子之后，有好几年的时间，我忙得抽不出时间洗澡或给最亲密的朋友打电话。不过在萨拉上三年级的时候，我开始有了少量可自由支配的时间。我仔细考虑了如何利用这些宝贵的时间。一天早上，我突然想通了："我想写作。我一直都想写作，现在终于要做这件事了。我甚至不在乎自己是否擅长，也不在乎是否有人看我写的东西。我就想把想法变成文字，我要尊重自己的需求。"

起初，我写的是日记。我写下了所有无法言说的，包括对孩子的担忧、对吉姆的不满，以及对核战争或气候变化的恐惧。我还记录了生活中很多美好的事情。我爱工作，爱家人，爱所有的朋友。几乎每个周末，我都随现场音乐起舞，并在孩子们睡着后阅读大部头的书。我知道自己有多么幸运。

我写了一篇关于母亲离世的日记。她在去世前身体已经非常虚弱了，因此从一定程度上讲，我很感激她能够放手。但是，当那个瘦小、虚弱、饱受病痛折磨的女人撒手人寰时，我那才华横溢、勤恳努力、会讲故事的母亲也离开了。

我不再对母亲的去世痛到麻木。在写到母亲时，我总是边写边哭。

我学写作的方式就跟学其他大部分知识的方法差不多，那就是阅读和上课。我订购并阅读了几十本关于写作的书籍，参加林肯市方圆三百二十公里范围内的所有写作研讨会，还加入了内布拉斯加州卫斯理公会派的作家团体。

特维拉是我参加的一个写作研讨班的同学，也是一位诗人。有一天，我们在喝咖啡的时候决定组成一个写作小组，并邀请了其他三位女性加入。我们把写作小组命名为"草原鳟鱼"。到目前为止，我们已经在一起写作三十五年了。

刚开始写作的时候，我每天早上五点醒来，在厨房的饭桌前写作，直到要叫孩子们起床，并给他们做早餐。趁他们还没进厨房，我把桌子上的纸和笔收好。然后，我们一起吃炒鸡蛋和松饼，再去上班或上学。

大约一年后，我决定给自己置办个办公室。我们家的地下室有一间"客房"，其实那只是一间黑漆漆的房间，里面有一张床和我们储存的一些物品。我给自己买了张小桌子，把房间拾掇干净，并正式宣布我的办公室禁止其他人进入。

拥有自己的办公室后，效果就大不一样了。我先给编辑写信，然后开始写社论。我还开始写一些短文，我们当地的公共电台每周都播放一次我写的文章。在上了几节小说写作课后，我写了几篇短篇小说，其中一篇还获了奖，但我觉得写小说不适合我，才华横溢的小说家实在是太多了。我需要找到一种我能比大多数人做得更好的写作形式。换句话说，我要找到只有我能表达出来的内容。

在我的心理诊所，我看到了很多患有进食障碍症的女性，这是一种普遍存在于美国的新现象。此前也有少数女性患有厌食症，但它在我们国家正演变为一种新的流行病。对于这种病症，我们既没有基本概念，也没有治疗方案，甚至都没有专用术语。我发现，很多女性都不知道该如何描述自己所面临的问题。

我积累了大量诊断案例，因此，我找到了能够帮助她们的方法。我从女性主义文化的角度，而非个体病理学的角度来看待这个问题，并设计出一些治疗方法，包括成为一名文化观察者，尤其是观察女性杂志、媒体中的女性以及女性对减肥的痴迷。

那时候，还没有人写过关于治疗厌食症的文章，所以我出版了一本如何帮助女性治疗厌食症的书，书名为《饥饿的痛苦》(Hunger Pains)。我的一位朋友设计了这本书的封面，另一位朋友在编辑和印刷环节给予了帮助。

232 不久，我就把一箱书放进汽车的后备厢里，在内布拉斯加州四处讲学，给心理治疗师、护士和中小学教师举办关于厌食症的讲习班。《饥饿的痛苦》一书已多次印刷。我开始考虑再写一本书，也许这次我会找到一家出版商。

我的第二本书叫《养育青春期女孩》，是关于如何对青少年进行心理治疗的。该书于1994年出版后，我就开启了专业作家生涯。

我内心有个声音说，我可以写作，我遵从了这个声音，这是我送给自己最大的礼物。这是我这辈子第一次没有理会外界的杂音，做了自己最想做的事。

写作为我的人生投入了一束新的光。它让我有了第二次生命。第一次是真实的生活，第二次则是对人生的反思。写作使我成长，成为最真实的自己。它让我不断向自己的脑力发出挑战，也让我仍可以在自己家里平静地过着这种具有挑战性的生活。

作为一名作家，我可以做我小时候就喜欢的事。我几乎每一天都在读书，游泳，在户外游玩，和朋友们交流。如今，我仍然花大量时间来讲故事。

我在心理治疗和写作中找到了人生的使命。这两种活动都是对我的脑力和性格的考验。它们让我知道，我能为这个宇宙贡献一份自己的力量。如果我们的工作能够照亮人们的生活，温暖人们的心灵，那我们就是幸运儿。

名 气

当《养育青春期女孩》荣登《纽约时报》畅销书排行榜榜首时，我完全没有心理准备。我以为通过写这本书，能让我有机会跟纽约的某位编辑学习写作，这就是对我的最大褒奖了。没想到我被推到了聚光灯下，这是我从未曾希望得到的。名气给我带来的第一个影响就是人们开始区别对待我了，甚至连我的家人也开始调侃我，说我现在是个名人了。在我们社区，一些过去只有点头之交的人会请我去吃饭；路人也认得我，但我不认识他们。这让我觉得很难受，因为我可能已经伤害到他们的感情了。每当我去参加聚会或活动时，就强迫自己去跟每一个人聊天，唯有如此，才不会让人觉得我势利。然而，为了取悦他人，我把自己弄得精疲力尽。

跟美国中西部的很多女性一样，我从小到大受到的教育就是永远不要显露自己的锋芒，也不要觉得自己很特别。此外，我知道自己不是最优秀的作家，甚至在我的写作小组里，比我优秀的大有人在。作为一名心理治疗师，我只是从自身的经历中总结出一些新颖的想法，并把它们写了下来。

　　后来，很多人邀请我去演讲，请我做咨询，接受采访，合作写书，签署图书协议。他们要我做各种各样的事情，比如出席公司董事会为他们宣传产品，或者帮助忧心忡忡的父母，为他们青春期的女儿寻找心理治疗师。我时间有限，无法一一回应这些请求。

　　吉姆承担起几乎所有接听电话和处理请求的职责，这很快就成为他每天八小时的工作。他是一位温柔的心理治疗师，每天花很长时间为患者提供免费咨询服务。当时，电子邮件和互联网还未出现，所有咨询都是通过信件或电话完成的。

　　我仍然从事心理治疗师的工作，并开始写一本新书。我还要参加一些演讲，为了写演讲稿，经常在凌晨四点醒来，以追赶进度。

　　晚饭后，我和吉姆一起散步，讨论当天遇到的难题。

我们制定了一些策略，可以帮助我们快速做出抉择。我不会去宣传产品，不会出现在公司董事会上，也不想与别人合作写书或做咨询。但我会接受采访，因为这有助于推广我的书。

至于巡国演讲，我毫无经验。起初，我独自一人到处出差，目的地主要在美国的东海岸和西海岸。我遇到的人都很和善，但我总是感到有压力。我担心误机，担心挣的钱不干净，担心自己是否有充沛的精力去面对数百位陌生人，还要在和他们对话时表现出友善和专注的样子。

与此同时，我自己的基本需求无法得到满足。我在陌生的环境中难以入睡，一些过夜的地方简直让我抓狂。例如，有一次，我到美国东北部的一所私立女校做演讲，校方安排我住在学校的博物馆里。到了晚上，博物馆的门就会上锁。那是一幢宽敞、黑暗、陈旧的建筑，校方给我准备了一间老旧的卧室。我还没有吃晚饭，却出不了门，也用不了电话，因为总机接线员已经下班回家了。还有一次，我的卧室被安排在一栋行政大楼里，在凌晨两点的时候，清洁工们直接进来工作，在我的床周围用吸尘器搞清洁，我被吵醒后就再也睡不着了。

有一次，我参加了伊利诺伊州为大学教授举办的一场为期两天的研讨会。因为知道自己要在一大群心理学家面前发言，所以那两个晚上我根本睡不着。第二天会议结束时，我的思想已经无法集中了，在五百名观众面前，我前言不搭后语。

有一年，我在酒店睡觉的时间比睡在自家床上的时间还多。随着我的公众形象越来越为人们所熟知，真实的自我却变得越来越小，越来越脆弱。我发现，只有在自己熟悉的区域，在熟悉的人身边，我才会感到自在。在这种环境中，我才能保持头脑冷静，晚上才能睡得着觉。

2002年11月，在俄亥俄州的一场演讲中，这个问题已经到了非解决不可的地步。我和吉姆冒着大雪，换乘了三架不同的飞机才抵达目的地的机场，而从机场到我演讲的那所学院还有几个小时的车程。那三架飞机中，曾有两架的引擎发生过故障。由于飞行过程中承受着巨大的心理压力，我俩到达机场时都已身心俱疲，肚子也饿得不行，而当天晚上我还要发表一场演讲。在此之前，我们还得开车穿过一片荒凉的地带，那里大多是工业园区和空地。

终于，我们到了一座小镇，找到一家小餐馆，把车停在路边。餐馆窗户周围有好多死苍蝇，有些桌子上满是灰尘，但我们别无选择，我要在演讲之前填饱肚子。在飞机上，我刚看过《快餐国家》（*Fast Food Nation*）这本书，所以此刻我比平时更担心食物是否健康。由于急着赶路，吉姆和我点了辣酱汤。服务生把辣酱汤端上来后，我尝了尝，它的味道简直像粪便一样。

我没有吃完那碗辣酱汤，我对吉姆说，要么这间餐馆真的用了粪便做酱汤，要么就是我精神错乱了，觉得自己在吃粪便。"不管是哪种情况，"我说，"我都得离开这里，赶紧上路。"

那年冬天，我一直没离开家。我躺在壁炉旁的沙发上，把我的小猫放在腿上，读着大部头的历史书。我没有精力去探望朋友了。我患上了高血压，开始吃降压药。我还开始看一些关于佛教和冥想的书籍。

到了春天，我又开始做演讲，但日程安排缩减了许多。

从这些经历中，我懂得了一个道理：华丽的生活是一种假象。在旁人看来，你也许过着绚丽夺目的生活，但对于在聚光灯下表演或工作的你来说，这种生活并非真的如此光鲜亮丽。昂贵的酒店和花束代替不了闪烁的星空和日升月落。即使书中有良人，也无法阻止我思念自己的朋友。为了焕发自己真正的活力，我需要回家，看看家的样子，听听家的声音，感受家的气息。

冲　绳

1995年，我受邀前往日本冲绳工作。那时候美国军方在鼓励更多女性参军，海军需要对官兵进行性别平等的教育，于是邀请我到冲绳做这方面的演讲。

军队实行军衔制，每一名官兵都有相应的等级。我不记得自己的军衔是什么了，只记得级别很高，我和吉姆被安排住在将官级别的宾馆。那是一套四居室的宽敞公寓，里面有皮装本的图书、一间酒水充足的酒吧，还有精美雅致的家具。

在冲绳岛生活的那段时间里，我所看到的任何事物几乎都能让我想起父亲。五十年前，他曾在这里担任海军医务兵。美军占领了冲绳岛，并把岛上的日本军队驱逐了出去。

冲 绳

20世纪40年代中期，冲绳岛环境潮湿，丛林密布。茂密的树林几乎无法穿越，而前行的唯一方法就是把树根和藤蔓砍掉，还得时刻警惕脚下埋着的地雷以及敌人和毒蛇的袭击。大多数毒蛇的颜色和周围的植被一样都是绿色的，难以发现。

日军钻入洞穴，决心死守阵地，战斗到最后一人。双方寸土必争，美军的很多士兵死于日军的突袭、轰炸和肉搏战。自始至终，我父亲都拿着一副担架，肩挎一只紧急医疗包，去救治一个又一个士兵。他没有配枪，但日军连医护人员也不放过。

父亲救治的伤员要么脸被子弹打穿，要么四肢被炸碎。在枪林弹雨中，他把伤员拖进医用帐篷里。他肯定见过成千上万人阵亡，其中还有他的很多朋友。他目睹了士兵们用刺刀互相刺杀，也亲眼看到他们被炸得粉身碎骨。

他没有住在将官宿舍。他是一名普通士兵，只能睡在沙滩上的帐篷里或丛林里的一块小空地上，忍受蚊虫叮咬和持续炎热的天气，无法洗澡或放松片刻。

在写给祖母的信中，他从不提及死亡、精神创伤以及受伤或阵亡的风险。相反，他写道："虽然食物很难吃，但幸运的是，它们比难喝的水好多了。"

我和吉姆在军官食堂里吃饭，军队为我们提供了美酒佳肴和刚刚捕获的新鲜海鱼。吃完饭后，有人带我们参观冲绳岛。在浅蓝色的天空下，黑暗的波浪拍打着白色的沙滩。瀑布的两侧长满了兰科植物的细长叶子。山上到处都是用石块搭起来的坟墓，看上去就像海龟的外壳。在冲绳岛战役中，一共有二十万人阵亡，其中包括四分之一的冲绳岛居民。

　　我们参观了海边的一座纪念中心，那是赛珍珠在战后为促进美国与亚洲国家的友谊而资助建造的。当时，该中心的负责人是一位八十多岁的美国老人。她穿着日本和服，给我们泡了茶，然后带我们去看附近的悬崖。她指着悬崖下面锋利的岩石说，美军登陆时，很多冲绳居民在这里跳崖自杀。日军告诉他们，美国人都是怪物，会折磨和杀死他们所有人。在宁静的悬崖上，我站在这位平静的女人身边，无法想象在这里发生过怎样的人间惨剧。

　　军队送给我们的最后一件礼物，是让我们住到海滩上的一间别墅，那是一片私人海滩，军官们都在那里度假。我们一起浮潜，在种满兰花的花园里散步。晚上，吉姆和我坐在海滩上欣赏日落。对我们而言，那是一片新的海洋。当星星出现在夜空时，我们只认出少数几个星座，而且它们与我们在家看到的是上下颠倒的。我们只能找到位于南方的老人星，以及我们在家时就认识的天狼星。

父亲报名参军时才二十出头，而我二十出头时还在上大学。战争期间，他一直是富有自我牺牲精神的勇敢的人，但他从未与军官们一起吃过大餐，也没有住在海滩的别墅里，更没有玩过浮潜，到海里去看上百种色彩艳丽的热带鱼。

现在，他的女儿在一连串好运的加持下，也来到了这里。我们每个人都有自己的命运。他的人生很短暂，却经历了无数我难以想象的事情。相比于父亲，命运对我要仁慈得多。

然而，好运并不是平均分配的。努力不一定有回报，有些英雄只是默默无闻。我年轻的父亲愿意冒着生命的危险，穿越枪林弹雨和丛林险境去拯救他人，这正是英雄的一种定义。

那片海滩距离父亲的家和我的家有一万多公里。每天晚上，我坐在海滩上，都会想起父亲。当年我和弟弟们反对越南战争，他为此愤怒不已。在他看来，我们的反战游行犹如一种背叛。他曾为自己的国家而战，作出许多牺牲，战争给他留下心灵上的创伤，而他自己的孩子们却高唱皮特·西格的反战歌曲《我再也不想研究战争》（"I Ain't Gonna Study War No More"）。

和我们一样，父亲已尽其所能。"成年"的一种定义是，我们可以不受亲子关系的影响，把父母当作普通人对待。望着夜空，我仿佛看到了弗兰克·休斯敦·布雷，此刻他的身份不是我的父亲，而是和我们所有人一样，是被时代浪潮裹挟的一个普通人。

雪中的泪滴

当我的外孙科尔特兰八岁、奥蒂斯四岁时，萨拉和她丈夫约翰把家搬到了加拿大。约翰在多伦多附近找到了一份不错的工作，他和萨拉为此次冒险之旅做好了准备。他俩人生的大部分时间都在内布拉斯加州度过，他们很期待到一个新的国度和一个更国际化的环境中生活。

科尔特兰和奥蒂斯出生在林肯市，我们老两口几乎每天都和他们在一起。他们给我们的生活带来了光明和自在。他们家与我们家相隔二十个街区，我无法想象没有他们的生活。当听到他们要搬家时，我感到胸口一阵疼痛，不得不去到心脏病专家那里就诊。直到今天，那位医生仍在给我看病。

奥蒂斯年纪还小，不知道搬家意味着什么，但科尔特兰不想走。他爱自己的学校、房子、表兄弟姐妹和朋友们。他跟我和吉姆的关系很亲密，大部分时间都在我们家度过。他给他父母写了一篇文章，恳求父母留在林肯市。在他们动身前的几周，科尔特兰每次回家时都会用力地拥抱我。

在萨拉两口子为搬家做准备期间，我和吉姆看孩子的时间比往常多了很多。我们一起度过了一个大雪纷飞的寒冬，一起堆雪人，一起在霍姆斯大坝滑雪橇。科尔特兰和吉姆总是打乒乓球。两人有开不完的玩笑，而且这些笑话只有彼此才听得懂。科尔特兰经常笑倒在地上打滚。

我开车送孩子们去图书馆，并挑选了一大堆书。奥蒂斯和我依偎在躺椅上，我给他念《鹅妈妈》(*Mother Goose*) 或《好奇猴乔治》(*Curious George*) 之类的童书。

两个孩子经常在图书馆过夜。我和吉姆轮流抱着奥蒂斯摇晃，科尔特兰和我肩并肩地坐着交谈或看书，直到深夜。那是一段充满了神性的时光，因为我们知道它将很快结束，所以一切都显得更加美好了。

与亲密家人的分离让我难以接受，就像我小时候与母亲分开一样。我不确定自己是否能够，甚至是否想要经受住这种别离。我在半夜醒来，觉得胸闷，心情像没有星星的天空一样漆黑。

二月份，我们买了一只橙色的卡车形状的蛋糕，为奥蒂斯庆祝生日。橙色是他最喜欢的颜色，只要有可能，他总会穿上橙色的鞋子、外套和衬衫。在城里开车时，每路过一辆橙色汽车，我们都会指出来。在奥蒂斯搬走多年后的今天，每当看到橙色的卡车和汽车，我都有脱口而出的冲动。

萨拉全家离开前的那一周，任何事都能让我们悲伤，比如给孩子的鸭嘴杯倒水、帮奥蒂斯穿雪地靴或者看科尔特兰做纸鹤。所有这一切都是那么美丽动人，但我们已经到了心碎的边缘。

他们动身前往加拿大的前一天晚上，全家人都聚在我们家里。我们点了印度菜外卖，最后一次一起玩UNO纸牌游戏，最后一次为孩子们读睡前故事。我和吉姆陪着孩子，直到他们睡着。

第二天早上，匆匆吃完早餐后，我们走出门，在雪地中相互道别。我们紧紧地拥抱每一个人。我和科尔特兰都不愿意放开彼此的手，但别无选择。离别的一刻终于到来。萨拉检查孩子们的安全带是否扣好，然后关上了车门。我们站在车道上挥手道别，看着他们全家开车远去，消失在我们视线之外。

我没有哭。事实上，我没有什么感觉，我已经麻木了，就像我六岁时在密苏里州以及后来母亲去世时那样。那种麻木感甚于悲伤。每当身边有亲人离开，我心中的那道光就会熄灭。

为了纪念那次离别，吉姆写了一首歌，叫作《雪中的泪滴》。

后来，约翰告诉我们，当他从汽车后视镜里看着我们两个人的身影逐渐变小时，他哭个不停。他第一次意识到这次离别对我们意味着什么。

如今，我仍然想念着萨拉一家。我多么希望能去观看两个孩子的每一场足球比赛，参加他们的每一次学校活动和泳池聚会。我多么希望和两个孩子在一起，直到他们长大成人，直到我去世。可一切总是事与愿违。

萨拉和约翰跟我们保持着紧密的联系。萨拉经常打来电话，给我们发照片和视频。约翰和我们约定了视频聊天的时间，这是我们的快乐时光。我们通常在周日早上跟孩子们视频聊天，有时候也在工作日。

2019年，我们每两三个月就去一趟加拿大。二月和十月，我们会去那边给奥蒂斯和科尔特兰庆祝生日。我们还一起过了圣诞节，还在夏天一起度过了三个星期。

萨拉和约翰在加拿大的小镇上生活得很开心。他们有自己喜欢的工作，有来自世界各地的朋友。两个外孙也喜欢他们的学校，奥蒂斯正在学法语。对于他们的选择，我并没有感到不满。我成年之后，在做重要的人生决定时，也没有以取悦母亲为目的。这不是美国人的生活方式。

我从骨子里觉得，我们人类是天生离不开家人的。我们之所以能茁壮地成长，是因为人类是群居动物。祖父母和外祖父母帮忙抚养孙辈和外孙辈，而儿女们也会照顾年迈的长辈。我知道，如今的世界已不再那么重视亲情了，但我必须说，我希望人们去重视它。

齐克的儿子四岁时，他对我说："我希望我们能在你家旁边盖一栋房子，两栋房子之间有连廊，这样我就可以从我的卧室走到你的客厅了。"

我告诉他，我也希望如此。

赤道的光

2019年6月，我们全家十一人到哥斯达黎加的旅游胜地普拉亚格兰德度假，住在当地一间名为"黄金之家"的漂亮小屋里。萨拉一家从多伦多飞往这里，参加他们搬家后的第一次大家庭聚会。院子里长满了鲜花，树上有鹦鹉和猴子。天空无比湛蓝，缕缕阳光照射在蓝绿色的大海上，海面波光粼粼。临近赤道的阳光明亮且直白，给我们带来了满满的新鲜感。太阳每天早上六点左右升起，下午六点左右落下。

我们的住所位于塔马林多附近，有全世界顶级的冲浪者在那里冲浪。然而，这些海滩以其离岸流[1]而闻名，有很

1　离岸流，又叫裂流，是从海岸向海中流动的一股狭窄而强劲的水流，流速约2米/秒，其长度可达30~100米，甚至更长，每次持续的时间为2~3分钟。据统计约90%的海边溺水是由离岸流导致的。

多人在此溺亡。尽管如此，我们仍然每天都去玩水。齐克
教他的孩子冲浪，他自己不钓鱼的时候也会下海冲浪。萨
拉和约翰则带着他们的孩子在岸边玩耍。度假结束前的最
后两天，我们一直在海浪里戏水，玩徒手冲浪。

　　我和萨拉以及儿媳杰米游过沙滩上的泡沫区，来到深水
区。我们漂浮在海面上，随着海浪上下浮动，完全忘记了时
间。过了一会儿，杰米平静地说："我感觉附近有离岸流。"

　　我没有经历过这种情况，但想起之前有人提醒过，于
是赶紧说道："那我们上岸吧。"

　　这时候，我注意到我们已经离泡沫区很远了。岸上的
人影看起来只有牙签那么大，白色的波浪仿佛在几公里之
外，遥不可及。以前，我还从未游到离海滩这么远的地方。

　　与此同时，我感受到一股强大的回流。是离岸流吗？
还是突然涨潮了？我无法确定。海水把我的上半身和下半
身朝不同方向拉扯，我想直接游向岸边，却几乎只能停在
原地。接着，我沿着与岸边平行的方向游动，然后转身朝
海滩游去，可抬头一看，发现自己依旧离海滩很远。

　　我又累又怕，回想起美国国务院和旅游指南关于该区
域发生溺水事故的提醒，还有朋友们的告诫。我有个朋友
叫格雷琴，她的家人有一次在游泳时几乎被一股凶猛的巨

浪完全卷入海中。我想，这回我可能凶多吉少了。但我并没有因此而难过。一直以来，我害怕的不是死亡，而是失去身边的人和事。奇怪的是，我居然很冷静，仍能保持理性。我心想："希望杰米和萨拉没事。我看不到她们，也没有足够的体力去救她们。"

我再次望向岸边的时候，发现齐克正看着我们，我顿时松了一口气。他会游泳，体格强壮，还是一名救生员。我继续努力往岸上游，却感觉自己还是一动不动。我心想，我的生命居然要以一种这么奇怪的方式结束了。它会毁掉我们这次愉快的假期。如果我们三个人淹死，我们的家人将遭受巨大的心理创伤，我和萨拉合著的那本书将无法完成，而且我会错过吉姆所在乐队的所有夏季演出。各种各样的想法交织在一起，但奇怪的是，它们居然没有触动我的任何情感，几乎都是哲学而抽象的。

胡思乱想的同时，我已经筋疲力尽了，可我与海岸的距离跟刚开始往回游时几乎一样。我翻过身，仰着脑袋，让自己浮起来，海浪载着我，这个姿势可以让我缓一口气。我的想法是，如果能保持漂浮的姿势，齐克最终就能找到我。

过了一会儿，我听到了海浪拍打沙滩的声音。很快，我就感觉到了海滩上的浪花。我意识到快到岸了，快到岸了！

当海浪把我推上岸时，我躺在沙滩上，眼睛在寻找萨拉和杰米的踪影。他们俩也都快上岸了。中午的阳光几乎和沙子一样白。在我周围，游客们在玩耍、聊天，仿佛什么事情都没有发生过。

我疲惫不堪，已经站不起来了。我的家人们跑过来，齐克拿来水和杏仁让我补充体力。最后，我终于从沙滩上站了起来，走回我们的小屋去吃午饭。我放弃了与大海搏斗，正是这个方法救了我的命。

大鳞大马哈鱼

我们第一次去加拿大拜访萨拉一家时，正值九月份。我们徒步去看了瀑布，在城市公园里踢足球。那个公园建在山脚下，整座山长满了火红的枫树。从叶隙间洒落的阳光几乎也是红色的，让我有一种眩晕感。

我有一个人生目标，就是看到大鳞大马哈鱼产卵，而在萨拉居住的小镇就能看到这样的场景。我们把车停在一家杂货店旁边，走过一条繁忙街道上方的一座桥，就能看到大马哈鱼了。这种观赏大马哈鱼的方式似乎缺乏美感，可当我们下行来到小溪时，附近的城镇已不再重要。我们找到大马哈鱼了。

二十条鱼形成了一个产卵巢。它们分成两三组，偶尔会有一两条鱼落单。大鳞大马哈鱼体长可达一米五，重量可达五十五公斤。我们看到的大马哈鱼个头都比较小，但不是太小。它们的下巴是钩状的，身体不再是海里的那种银蓝色了，颜色变得更深，有些鱼的身上还有红色或绿色。

在海里生活了八年之后，它们回到了自己出生的地方。现在，它们已经老了，很快就会死去，但依旧顺着清澈冰冷的湍急小溪，锲而不舍地逆流而上。面对陡峭的瀑布，所有大马哈鱼都是如此，它们带着数百年的决心，一定要回到自己出生的溪流。它们对下一代的奉献精神是与生俱来的，这同时也会让它们付出生命的代价。

当这些时日无多的大马哈鱼在波光粼粼的水中游动时，我感觉自己好像置身于远古时期。我的人生与这些美丽的大马哈鱼的生命联系在了一起。当我体验着我们与所有现存物种的联结时，我的心变得异常柔软而舒展。这种古老的血缘关系是我能感受到的最深切的联系。

妙音乐队在动物园酒吧的最后一夜

　　1999年元旦前夜，在一处名为"阁楼"的活动场所，我丈夫的乐队举行了一场演唱会，听众都是他们的朋友。那天晚上，舞池里挤满了人。我们都人到中年，为了生活而忙碌，对未来的恐惧感并没有那么多。乐队演奏了《摇滚好爸》（"Good Rockin' Daddy"）、《狂野之夜》（"Wild Nights"）和《风月俏佳人》（"Pretty Woman"）等歌曲，我们随着音乐摆动身体，相互拥抱，排着队跳起了康茄舞。当时，妙音乐队（Fabtones）已经成立十五年了，成员们建立了一个由朋友和粉丝组成的社区。午夜时分，我们打开香槟，庆祝千禧年的到来。

　　2019年元旦前夜，妙音乐队又为一百四十位朋友举办了一场聚会。但这一次，乐队要解散了。人还是那些人，但岁月令大家的容貌发生了很大的变化。我们的头发变成了灰色或银色，脸上长满皱纹和褶子，身体也不像以前那么敏捷了。我们当中的很多人已经退休，孩子也已经长大，过上了成年人的生活。现在，我们去看医生的次数比去跳舞的次数还要多。

我和特维拉一起跳舞，她的丈夫一年前去世了；我还跟吉尔共舞，我已经认识她四十五年了。我刚认识吉尔时，她是一名漂亮的、充满活力的见习护士，与吉姆所在乐队的鼓手雷诺德谈着恋爱。吉尔美丽依旧，但她已经从护理岗位退休了，她和雷诺德在湖边买下了一间小屋，并在那里定居。

威廉·斯泰格纳（William Stegner）写道："我们原以为，我们会在世界上留下印记，但事实恰恰相反，世界会在我们身上留下印记。"我们大多数人的身上都留有岁月的痕迹。罗拉是当地一家书店的老板，性格活泼，但她后来患上了多发性硬化症；山姆患有晚期帕金森综合征；罗杰、约翰和汤姆已经去世了；弗兰克和奎因都失去了人生伴侣；和埃里克结婚三十年的妻子在去年圣诞节离开了他，从那以后，他就再也没有跟自己的儿子说过话；唐娜的儿子正在接受戒酒治疗。

然而，我们绝大多数人也对现状感到满足。我们的儿女生活顺遂。我们当中的一些人很幸运，已经成为祖父母或外祖父母。

我们大部分人仍在和那些曾带我们参加聚会的人共舞。沃尔特和拉娜加入了一支蓝草乐队；科拉喜欢水彩画艺术；雷仍在玩音乐，同时从事一份新的教学工作。聚会的场地有香槟，吧台顶上有霓虹灯，这里还有一支出色的伴舞乐队。

莎莉坐在轮椅上，挥舞着手臂，随着音乐扭动身体。我跟着《节约时间》（"Monkey Time"）、《傻瓜一族》（"Chain of Fools"）和《为爱放弃》（"Giving It Up for Your Love"）的歌声起舞。我在朋友们之中欢快地舞动着，想要忘却三十五岁的妙音乐队即将落幕的悲伤。我再也听不到乐队演奏这些歌曲了，而且很可能再也无法在一间大舞厅里跟这么一群朋友共舞。

乐队在舞台上卖力演出。乔恩的萨克斯管独奏璀璨夺目，他走到舞台前时，手里的萨克斯管在圣诞彩灯的照耀下闪烁。雷诺德演唱的《多米诺》（"Domino"）和《棕色眼睛的女孩》（"Brown-Eyed Girl"）令我们赞叹，没有人能比得上他，除了范·莫里森。帕姆拉高嗓门演唱了一首喧闹版本的《空床蓝调》（"Empty Bed Blues"），然后动情地演唱了《港湾的码头》（"Dock of the Bay"）和《疯狂》（"Crazy"）。史蒂夫用他的吉他弹奏了精彩的乐曲，吉姆则用稳定的低音电吉他为史蒂夫伴奏。多么美妙的音乐啊，他们怎么舍得解散乐队呢？

但结束"妙音乐队"时代的并不是这些音乐家，而是时间。乔恩的健康多次出现问题，他感觉自己再也无法坚持训练了；史蒂夫每年都要去佛罗里达度假三个月。此外，一直为乐队的巡回演出提供资金支持的舞蹈俱乐部即将倒闭。乐队已经走到了尽头。

整个晚上，我都沉浸在一种快乐与悲伤交织的情绪中。我喜欢一边唱着最爱的老歌，比如《医生，我的眼睛》（"Doctor My Eyes"）和《信》（"The Letter"），一边翩翩起舞。然而，我正在见证一个时代的终结，随之而去的还有一群狂野又睿智的人。将来，我会再次见到大多数朋友，但不是在舞会上。

我的儿女已步入中年，我年龄最大的外孙女在上大学了。我的双手不太利索，视力也下降了许多，再也无法背着包去爬山了。但我过得很开心，这在很大程度上要归功于舞池和舞台上的那些人。这些年来，我们像草原上的野草一样紧紧交织在一起，一起迎接绿意盎然的新春、骄阳似火的夏日、五彩斑斓的秋天和大雪纷飞的冬季。我们一起面对过各种天气，在未来，我们也无疑会面临更多。

然而，这一晚，我们听着《月舞》（"Moon Dance"）和《仁慈、仁慈》（"Mercy, Mercy"）旋转舞动，随着《此刻的孟菲斯》（"Memphis in the Meantime"）的旋律舒展我们的身体。在人头攒动的舞池里，我们大声互喊"我爱你"。最后，乐队以盖伊·克拉克的一首《老朋友》（"Old Friends"）结束了演出。

我们齐声歌唱。

我们举起香槟酒杯，最后一次为乐队祝酒。我们彼此拥抱。此时，霓虹灯闪烁起来，原来是舞厅的关门时间到了。走出舞厅，2020年的元旦已至，我们走进一片漆黑和寒冷，不知道未来还会面临什么样的恶劣天气。

雪　地

　　在某个周六下午，我开车来到内布拉斯加州连绵起伏的波希米亚阿尔卑斯山区，带着杰米一起去静修。静修定在每年一月份的第一个周末，在接下来的三十六个小时里，我们将放下日常琐事，享受宁静自由的时间。我们带了登山靴、日记本、蜡烛、书和葡萄酒。我们在山间漫步，谈论过去与未来。

　　我和杰米平时也经常见面，但都是和其他家人在一起。在这里，我们是朋友，专注地倾听彼此的心声，了解彼此的经历。我们有充足的时间和空间来反思。

　　杰米第一次和齐克约会那天，我们就偶遇过。当时，在市中心一家名为"磨坊"的咖啡馆，我正坐在装卸区阅读屠格涅夫的《父与子》，杰米骑着自行车过来。她那时候还是一名大学生，身材高挑，留着一头乌黑的长发，如赫本般美丽动人。她一边给自行车上锁，一边朝我挥手，然后从背包里拿出《卡拉马佐夫兄弟》。我心想："看来我俩合得来。"

现在，二十年过去了，我再次和杰米一起来到户外看书。我一边开车，一边听着东欧女子唱诗班"基特佳"（Kitka）的音乐。古老的音乐、大雪覆盖的乡村风景、冬季午后的天空，所有这些都给带给我一种平静的感觉。

波希米亚阿尔卑斯山区是一个风景优美的地方，有着起伏的山丘、幽深的峡谷和淙淙小溪，低矮的雪松散布在白色的路肩上。在有些地方，阳光洒在雪地上，闪耀着银色的光芒。

在这趟路上，我常回想起我的母亲。多切斯特就位于该地区的最南端，我们在那儿居住的那些年里，饮食习惯很像捷克人。我喜欢吃猪肉香肠、带馅的小圆面包、猪肝丸子和烤鹅配德国酸菜。找母亲看病的患者大多是波希米亚人。她说，波希米亚人辛勤工作，放肆玩耍，深爱家人，给人一种悲怆、诗意之感。我在他们身边生活多年以后，也有这种感觉。

我开车经过了红绿色的联合收割机、银色的筒仓和安格斯牛，等待着一间特别的灰色干草棚出现。那间干草棚向着一条瀑布的方向弯曲，上面少了很多根木条，所以基本可以透过它看到其他东西。每年我路过那里时，都在想它是否会消失，但今年它依旧屹立不倒，只是比去年稍微倾斜了一点。

我打量着褪色的旧谷仓、小溪和休耕地上孤零零的棉白杨。对我来说，在城市里待了几个星期后，这种阳光照耀冰雪的景色犹如一剂良药。这剂良药来自一个被遗忘的时代，一个更安静、更虚空的时代，那时候我还年轻，也感觉世界比现在年轻。

262

一只红尾鵟站立在一根栅栏柱子上，数只加拿大黑雁展开翅膀，准备落在一个小池塘周围。就在洛马（Loma）外面，我看到一群海鸥盘旋上升，然后遍布整个银色的天空。

当我接近圣本笃中心（St. Benedict Center）时，蛋黄般的夕阳刚刚触及地平线，长长的蓝色阴影点缀着如象牙般雪白的大地。当穿过博恩溪（Bone Creek）和结冰的普拉特河时，我突然感受到了天恩的眷顾。基特佳、大地、鸟儿，甚至是防风林一带褪色的拖拉机都变得神圣起来。和往常一样，我想知道，天恩是如何降临到我们身上的？

我们无法用意念操控它，也不能亲手制造它。它只是像绚丽的椋鸟群那样出现，又像流星一样没有规律。

我抵达圣本笃中心并登记好个人信息后，穿过装饰着绿植的砖木结构的大堂。走过日光浴室，那是我最喜欢的房间，里面有壁炉、书架和落地窗。

在附近的会议室，我可以听到渔工们的笑声。他们来自中美洲和尤卡坦半岛，大部分是玛雅人，为当地的肉类加工厂工作。每年的这个时候，他们都会来圣本笃中心，我和杰米也在同一时间来到这里。他们带来了零食、苏打水和满满的活力。对很多渔工来说，这段时间是他们年中的假期。他们随着电吉他乐曲边唱边跳，并邀请我和杰米加入。

还有些晚上，我和杰米会穿过马路，去听来自世界各地的本笃会牧师做晚祷。

我在简朴的房间里打开行李，此时树上闪烁着白色的光，我看到落日的余晖照射在湖面上，变成了粉色和橙色。

我去敲杰米卧室的门，很快，我们就开始相互讲述自己遇到的最有趣的事情。2019年，我去过很多地方，不仅每隔一个月去一趟加拿大，还去了旧金山看望我弟弟，并到美国西北部旅行了两周，庆祝我和吉姆结婚四十五周年，还去了华盛顿参加威廉·巴伯牧师的"穷人运动"[1]。

自从我们开始静修以来，很多事情都发生了变化。杰米和齐克的孩子已经从蹒跚学步的孩童长成了青少年：他们的女儿凯特已经高中毕业，离家去上大学了。吉姆解散了一支老乐队，又组建了一支新乐队。我的手意外骨折，没有力气握举东西。以前，我可以单手抱一个二十公斤重的孩子，可到了去年，我连农贸市场上的南瓜也举不起了。

我望向壁炉，看到蓝色的火焰和那些年的火光。它们就像时间一样，在我面前飘浮，褪色。

我们谈到了来年的计划。和往常一样，我打算去加拿大旅行，在德纳里营地工作，然后去苏格兰旅行。杰米和齐克也策划了一次旅行，他们要去海边庆祝结婚二十周年。我还想为吉姆举办一场七十岁的生日宴。

再后来，我们想到了新冠肺炎，讨论它是否会在美国蔓延。我们一致认为这种可能性是存在的，但我们身处内布拉斯加州，它不大可能影响到我们，也不大可能从本质

1　"穷人运动"（Poor People's Campaign）是由威廉·巴伯二世和利兹·西奥哈里斯领导的社会运动，旨在解决美国1.4亿贫困和低收入人群所面临的诸多问题。

上改变我们的生活。

圣本笃大教堂充满了光明。白天，冬日的阳光洒进日光浴室；到了晚上，湖水周围的树木沐浴在白色的月光下。在那一瞬间，我的生活似乎也充满了光。我和杰米一起享受这段欢乐时光的同时，并没有预料到整个世界即将陷入黑暗。

腊月寒冰

2020年1月，我的两个弟弟带着伴侣，乘飞机来到林肯市，他们将在这里待上四天。杰克和莎莉一直住在旧金山，约翰和贝姬住在北卡罗来纳州。

我上一次同时见到两个弟弟是在二十年前我儿子的婚礼上。从那以后，我都是只见过其中一人，而他们曾两次结伴去阿拉斯加。二十年以后，我们终于又在林肯宽敞的老房子里重聚。我们不再是骨瘦嶙峋、头发蓬乱的小孩，也不是身强体健的中年人。我们的头发已经灰白，背也驼了。但是，我们身上的一些特质并没有随着时间的流逝而改变。我们都是脑力劳动者和动物爱好者，聊起天来滔滔不绝，热情四溢。

我们姐弟几个的关系一直都很亲密，但也经常分离。

我们回忆起了在麻烦不断的家庭中成长的伤心经历。遗憾的是，正是这些经历导致我们聚少离多。我们都不想回忆在学校遭受的欺凌和回家后父亲的辱骂。小时候，我们对于家中发生的事情不知所措，只能当个局外人。长大成人后，我们有了自主能力，于是都离开了内布拉斯加州。最后只有我搬了回来。

如今，我们已经过上了美好的生活，不再受痛苦的童年记忆的困扰。我们找到了爱人，也遇到了志同道合的朋友，从事过自己热爱的职业。对我们来说，生活已经变得轻松多了。2020年，过着幸福生活的我们又聚在了一起。

约翰和贝姬在周四傍晚到达。我们背着落日余晖聊着天，艳丽的阳光洒在东边的湖面上，闪闪发光。随后，我们一起吃了土豆汤和贝姬做的口感绵密的巧克力黑麦面包。

周五，天气冷了起来，街道也结冰了。在杰克的航班到达之前，机场就关闭了。他和莎莉只能借道奥马哈，在午夜时分打车赶到了我们家。

在等待他们的过程中，我们就像在圣诞节盼望圣诞老人出现的小孩子。杰克和莎莉终于到了，伴随着欢声笑语，我们一直聊到凌晨。我们为此次重聚兴奋无比。

我的两个弟弟像毛茸茸的大熊。杰克长相随母亲，约翰长相随父亲。他们看起来有些凶狠，而且说话声音很大，但我知道，他俩就像小猫一样温柔。他们笑的时候都会低着头，好像因为高兴而感到尴尬。他们的笑声听起来就像熊在笑。

户外天寒地冻，整个周末我们都只能在屋里度过。贝姬给我们烤了一个苹果馅饼。我们相互开玩笑，交流读书心得，评论看过的电影。我们轮流做饭，表演节目。我向大家讲解自由写作的艺术。杰克和吉姆弹吉他。莎莉曾是一名芭蕾舞演员，现在当芭蕾舞老师，她给我们上了一节芭蕾舞课。杰克上过芭蕾舞课，但我和约翰连一手位都不会做，更别说做下蹲动作了。

我们观赏日落和日出。有天早上，贝姬先醒来，看到一只秃鹰飞过，秃鹰的爪子里抓着猎物。那天日落时，我们还看到车库前的车道上出现了一只狐狸。

三天的时间里，除了童年，我们无所不谈。对于父母的失职，我们的看法从未达成过一致。尽管意识到他们犯过很多错误，但我还是很爱他们，可我的两个弟弟并没有那么宽容。我们的父亲于1974年去世，母亲于1992年去世。几十年来，我们都没有探讨过这个话题。我们已老去，没必要再纠结于此。如今，我们有更精彩的人生故事。

268

我们选择活在更精彩的人生故事里，它讲述了我们之间有多么亲密，我们对亲人有多么依恋。

团聚的最后一顿饭时，约翰向大家祝酒："这杯酒献给我人生中最快乐的四天，干杯。"经过多年的离别，我们欢聚一堂，而现在，又到各回各家的时候了。

第二天早上，我六点半醒来，和弟弟杰克一起喝了杯咖啡。他把自己的折叠椅拉到我的椅子旁，我建议他坐到一张更舒适的椅子上，他说："我就想坐在你身边。"

我对杰克说，他起得真早，他说："我一直在等你起床。"

贝姬用新鲜的覆盆子给我们做了烤饼。大家忙着打包行李时，我看到谁有空，就会跟谁一起喝咖啡。离别前，我们决定在明年再聚一次。

但是，谁又知道明年我们是否还活着呢？我们都在变老，有各种各样的健康问题。知道自己时日无多，反而让我们更加相亲相爱。就在前两天，我们这几个布雷家笨拙的"老小孩"还一起跳了芭蕾舞。

第七部分

韧劲

直升机的光

二百年前，爱默生曾写道："重大事件主导人类社会的走向。"用他这句话来形容2020年再合适不过了。世界各地的人们发现，我们已经被席卷全球的巨大力量深深地改变了，而这力量是我们无法控制的。

二月底，除采购生活必需品外，我和吉姆不再出门。加拿大边境关闭，乐队的演出也取消了。到了三月底，我们已处于封锁状态。我曾认为唾手可得的美好都消失了：家庭聚餐、随吉姆乐队演奏的乐曲舞蹈、去农贸市场，以及不受约束地环游世界。

街道变得越来越安静，鸟叫声越来越响亮。谢天谢地，灯芯草雀和红衣凤头鸟不会被病毒感染。所有健身房都关门歇业，霍姆斯大坝却突然挤满了健身爱好者。我戴着口罩，和朋友们在湖边结冰的道路上散步。感谢上帝，还有这些好友陪伴着我，尽管我们不能有任何肢体接触。

我们住在市里的两家大医院之间，总能听到直升机飞过的声音，它们将周边小医院的患者运送到大医院就诊。直升机降落后，再由救护车把病人送往急诊室。救护车的警报器每天响个不停，它们红蓝色的灯光在湖的对面闪烁。晚上，我们看着星星和月亮，也会看到直升机的灯光掠过东边的天空，朝着圣伊丽莎白医院或布莱恩医院的方向飞去。

随着社交活动的减少，我的自我感知也消失了。我一直通过人际关系来定义自己，而现在，除了吉姆，所有人似乎都离我很远。我的人生被新冠肺炎疫情的暴发分割成前后两部分。前半部分的时光已经变得模糊和不真实，而新冠肺炎疫情似乎会无休止地持续下去。

我知道自己是个幸运儿，不需要工作，也不需要担心被人从家里赶走。我非常尊重那些面临重重困难却能继续生活下去的人。他们的负担比我重太多，但我仍然觉得负担沉重。

有一次，一位朋友问我对未来有什么计划。我被问住了，不知该怎么回答，迟疑半晌才说道："我们晚餐吃肉馅玉米卷饼。"

黑暗如乌云般降临在我身上，有些乌云一年多以后才散去。就像那年住在奥扎克斯的拖车里一样，我又一次无法见到家人。当我思念孩子们时，身体仿佛被寒冰包裹着。

我们无法考虑未来的事情。无论拥有何种专业知识或权力，没人能真正知道接下来会发生什么。我们无法做任何计划。2020年的关键词是"放弃"，放弃计划，放弃愿望，放弃主动控制感，保持低期望值。

渐渐地，我开始逐渐适应封城和大众对新冠病毒的恐惧。我决定把这一年时间用来阅读与非裔美国人相关的历史著作和文学作品。我签了一份新书合同，还用Zoom视频会议软件跟我所参加的环保组织开了好几次会。

和往常一样，在女性朋友们的帮助下，我的生活得以正常运转。我几乎每天都要和朋友一起散步。我的写作小组定期在网上开会，我也会和远方的家人、朋友聊很长时间的电话。

吉姆和我从未一起待过这么长时间。我们一起玩填字游戏，看喜剧电视节目。到了晚上，我们很少谈论白天的事情。我们还发明了一个游戏，并给游戏起名为"你还记得吗？"比如某天晚上，我俩当中的一个人会问："你还记得我们去海滩游玩的那些时光吗？"然后，由另一个人提问："你还记得我们在研究生院的所有朋友的名字吗？"

随着时间的推移，我们对彼此越来越友善、温柔。我们就像两张扑克牌，彼此支撑着。如果有一方不开心，那两个人都会不开心。对于这次疫情，我们随机应变，让自己变得更有爱。

小小的快乐变成了大大的快乐。我有一句口头禅是"关注当下"。关注下雪时在壁炉边看书的感觉，关注电台里播放的莱昂纳德·科恩的歌曲，关注我和外孙通过视频通话一起画画的时光。救护车和直升机的灯光随处可见，但我想办法找到了其他种类的光。

佛　光

新冠肺炎疫情暴发之前，我加入的僧团每周日早上会在一位心理学家办公室的地下室碰面。通常情况下，我会急匆匆地穿过城里的街道，跑进地下室，一想到当天的待办事项我就感到疲惫不堪。然而，一见到僧团的伙伴，我的呼吸就会变深、变慢。

在冥想室的中央，我们用印度产的华丽棉布铺成一个圆圈，中间是用鲜花、蜡烛和一小尊佛像打造成的神圣领域。我们围着这个圆圈，坐在坐垫或椅子上。

我们先签到，然后大家安静下来，冥想四十分钟。在行禅过程中，我们穿着袜子，慢慢地在房间里绕圈环行，抬脚时吸气，落脚时呼气。

然后，我们坐在垫子上冥想。我的思绪如脱缰的野马：

从我的购物清单到我与他人的互动，最近这段时间的每一个想法都以某种形式再现了。我担心自己是否冒犯了别人，努力思索自己犯下哪些过错，并自问如何才能按时间表完成每一件事情。我思念家人。我想多要点儿这个，少要点儿那个。我为已经想到的缺点和错误而斥责自己。

最终，我的呼吸变得更深、更慢。时不时地，我会进入自己体内。我看到了自己那紧绷的头皮和疼痛的肩膀。我放松下巴和眼睛周围的肌肉，听到了我的心跳和外面的风声。各种想法和情感不断涌现，但我没有留住它们。我观察着它们，让它们飘然而去，然后重新关注自己的呼吸。

在冥想过程中，如果能在一分钟内完全保持清醒，完全是有意识的，那我就很幸运了，但这短短的一分钟值得我付出努力。有时候，我甚至能够宽恕自己，从容地看待自己的缺点。我常常感觉生命如此珍贵，以至于眼泪从脸颊上淌了下来。我的想法或感受是："天地万物如此令人感动。"

冥想结束时，我不再陷入沉思，也不再陷入迈克尔·波伦所说的"默认模式网络"。[1]我小小的自我已经平

1　迈克尔·波伦（Michael Pollan）是一名美国作家。默认模式网络是大脑在静息状态下存在的一种连接网络，负责无意识状态下的大脑活动。

静下来，并与天地万物相连。我的肩膀不再僵硬，现在，思绪也变得缓慢而放松。我不再把自己绷得那么紧。

冥想完成后，我们聆听法言，或分享我们的写作与艺术。僧团的成员们主持茶道，展开讨论。我们以集体拥抱结束了这场聚会。我走出户外，内心充满对僧团和世界的爱。我不再那么仓促。

随着疫情暴发，僧团转而在网上组织冥想。刚开始时，我很怀念蜡烛、鲜花和集体拥抱。然而，在封城期间，僧团成员之间仍能对话，给予其他人充满爱意的陪伴，这让我心怀感激。

通过视频会议软件与僧团成员联系，我们团队变得更大了，也更加多样化了。我聆听别人的谈话，从中了解到了他们对贫困的恐惧，带着孩子居家工作的艰难，以及那些单身人士、父母、祖父母或外祖父母的孤独。聆听别人的故事让我感觉自己不再与世隔绝，也不再孤独。我经历的痛苦别人也在经历着，这是人类共有的痛苦。

我们保持着活力和理智，也帮助彼此保持活力和理智。我们成为彼此的生命守护者。

每当轮到我领导大家进行冥想，我往往会指导团队成员们想象一个金色的光球，它从我们的头顶渗透到脚趾。

它在我们的身体中穿梭时，我们感受到温暖和平静，体内充盈着爱。我们自身和"外部世界"之间的界限随之消失，处在一个相互连接的意识网络中。

早上的僧团练习结束后，我坐在家里客厅的破旧沙发上，腿上躺着我的老三花猫格莱茜。我再次发现，那道金色的光芒一直在我身体内。什么都没有改变，一切又都已改变。

寻找羊肚菌

五月的一天，天气晴朗，我和吉姆开车来到普拉特河沿岸，齐克一家住在那里。自去年十月以来，我们就没见过儿子一家了。一想到能和齐克、杰米还有孩子们到户外游玩，我们就兴奋极了。

我们出发去寻找羊肚菌。羊肚菌是一种圆锥形的蘑菇，它的表面有羊肚状的深凹槽，每年只在地表生长几周。大雨过后，太阳升起，气温回升，它们便和紫丁香一起出现。羊肚菌只生长在特定的地方，通常靠近河流，贴近橡树或白蜡树。如果觅菌者足够幸运找到了羊肚菌，那他们就会保守秘密，不向其他人透露这个地方，就像渔民不会透露他们发现的最佳捕鱼点一样。

多年来，我一直渴望在野外找到羊肚菌。我和表哥史蒂夫在州立公园和奥扎克斯寻找过羊肚菌，但我从没找到过。

我偶尔会在农贸市场购买羊肚菌，价格是每八盎司[1]二十五美元。买回家后，我往煎锅里放点儿黄油，把羊肚菌煎熟吃。它尝起来有肉香，味道浓郁且复杂，我能尝到古老森林、雨水和土壤的味道，它就像早在人类之前就存在的物种。品尝羊肚菌，犹如在品味时间。

齐克全家在河边等着我们。齐克把所有网袋都递给了我们，这样，当我们采摘羊肚菌，提着它们走路时，就能把它们的孢子撒播出去。我们沿着一条林荫小路走进树林。刚刚长出嫩叶的棉白杨树和橡树在微风中摇摆，地上散发出绿植和沃土的芳香。附近，一只鸫鸟正在练习它那欢快的旋律。

我们路过一座河狸坝，齐克告诉我，河狸是群居动物，当它们脱离群体时，就会停止进食，身体机能也会慢慢关闭。

"是的，"我说，"我相信这个说法。"

我们还路过一个长满浮萍的池塘，池塘的水来自泉水。我们每走一步，就有青蛙跳到我们面前，然后跳进水

1　1盎司约等于28.35克。

里。周围盛开着野生紫罗兰，阳光透过长着新叶的树木，闪烁着斑驳的光。光芒闪闪，这就是此刻我内心的感觉。

齐克像鹿儿一样向前跳跃着。杰米提醒我们注意那些有毒的橡树和扎人的浆果灌木丛，凯特采了一束金鸡菊和福禄考送给我。克莱尔端详着森林的地面，想找到第一株羊肚菌的迹象。这些蘑菇很难找，而且如果你在野外从未见过这种蘑菇，那难度就更大了。它们藏在干燥的叶子下，有黄褐色、橙色和黑色的。有些羊肚菌小如杏仁，有些则大如苹果。

"妈妈，过来这边。"齐克喊道。

我跑到他面前，看他手指向的地方。阳光下，在我的脚边，十几株羊肚菌静待我们采摘。"哦，天哪。哦，天哪。"

我弯下腰，摘到了我的第一株野生羊肚菌，杰米在旁边给我拍视频。我感觉自己就像发现了一只美洲鹤，又像误打误撞地走进了一片林间的空地，那里长满了稀有的流苏草原兰。

我们继续寻找羊肚菌。家人们都很好胜，时不时就有人喊道："我先发现的那个。"或者叫道："等等，这是我的地盘。"但是，他们也会经常招呼我这个行动最缓慢、视力最不好的家庭成员："快来这边，我给您找了一些羊肚菌，您来摘。"

　　寻找羊肚菌的节奏断断续续，这激励着我们，就像渔民持续钓鱼或赌徒停不下赌博。偶尔会有一只鹿跟着我们，它的热情不亚于我儿子。

　　到达普拉特河时，我们已经采摘了一公斤羊肚菌，大致把它们平分在六个袋子里。齐克邀请我们到他的住所，他要在户外烤羊肚菌，我们可以在坐在草坪椅上吃饭。

　　我们在河边坐了很长一段时间，沐浴在阳光和新鲜的空气中。从河岸往下看，穿过一千多米宽的普拉特河，我们只能看到夹杂着科罗拉多融雪的泥泞河流、蓝色的天空、对岸的树林，还有从我们身边树木的枝叶间洒落的阳光。这里只有我们一家人，偶尔还有蓝色的苍鹭或鹈鹕。在数月的分离和悲伤后，我为眼前的一切而欢笑，陶醉在幸福当中。

　　这是欢乐的绿洲、基列的乳香[1]，是经历绝望寒冬后的春日，对于此情此景，我还能说些什么呢？我只能说，我的心得到了拯救与修复。

1　基列的乳香，源自《圣经·旧约》的《耶利米书》，现指可医治创伤、减轻痛苦的事物。基列是约旦河以东古代巴勒斯坦地区；乳香是一种贵重香料，既可敬奉神明，又可用作礼物馈赠他人。——译者注

日　落

夏日的傍晚，每当吃完晚饭，我就在户外一直待到天黑。有时候，我会做一些园艺工作或躺在吊床上看书。其他时候，我只是观察光线的变化，听着白天喧闹的声音慢慢平静下来。

和地球上的所有风景一样，我家后院的景色令我陶醉。在院子的北边，绣球花长得像小树一样高，它的下面长着红色、白色和粉红色的木槿花，这些花大如餐盘。朝西边看，我能看到阳光穿透红蕾荚蒾和连翘叶子的样子。在它们的后面，雄伟的北美五针松紧靠着一道古老的木栅栏。日落时，阳光透过松树叶，美得令我惊讶。随着天空颜色的变化，这种穿过松针的光线也在变化，从近乎透明变成柠檬色，再变成柔和的金色，宛若融化的黄油。

日 落

　　红衣凤头鸟和松鸦留在树上过夜。燕子不再俯冲吃蚊子，它们会回到我们车库上方的巢穴中。最后安静下来的是在我们古海棠树上筑巢的鹩鹩，在太阳从视线中消失的那一刻，它们就停止了鸣叫。过了一会儿，我听到了仓鸮和蝙蝠的啸叫声。

　　宁静降临在这片土地上，所有动物，包括我们在内，都在享受这份宁静。我静静地喝着酒，这美好的一刻犹如上等的香槟。新闻报道的各种事件、我白天的各种忧虑，甚至不安，都消失了，紧张的肩膀也放松了下来。日落也许是有史以来宇宙发明的最好的镇静剂，但与药物不同的是，日落既让我们保持警觉，又让我们很放松。

　　人类总能看到日落。无论我们处于何种环境，大多数时候我们都能在傍晚时看到壮观的落日余晖。太阳对人类是一视同仁的，它为我们所有人燃烧自己。

　　这么多年来，我曾和我的祖母、外祖母、奥扎克斯的亲戚、弟弟妹妹、父母、朋友和儿孙辈们一起看日落。我也在开普敦、华沙、冲绳和清迈，在落基山脉和内华达山脉，更在内布拉斯加州平原上看过成千上万次日落。

　　如今，我已是垂垂老者，与弟弟们相隔甚远，我的孩子也长大了，住在其他城镇，而我依旧在看着日落。

也许有很多人在年老时最喜欢看日落。身边的人一个个离我们远去，生活以各种方式压得我们喘不过气来。希望犹如另一个太阳系的暗星。然而，每天傍晚，太阳又一次把它所拥有的一切奉献给了我们。它低声对我们说："拿走这些'金币'吧，拿走这些光束，还有天空中粉色和橙色的'丝巾'。"

英仙座流星雨

八月中旬，我和吉姆朝西北方向驱车进入内布拉斯加州的沙山地区，去看英仙座流星雨。这里每平方英里人口不足一人，有世界上最好的观星点，天文学团体也经常在此举行会议。在很多美国人眼里，内布拉斯加州要么是个鸟不拉屎的地方，要么是80号州际公路上的一个岔路口，过了这个岔路口，就可以到达风景更优美的地方。内布拉斯加州的广阔体现在州际公路两侧空旷的区域，尤其是一望无垠的沙山地区——天空才是它的边界。

我们驱车穿过如海浪一般的灰绿色群山，映入眼帘的只有破旧的风车、摇摇欲坠的谷仓和一团团干草。偶尔，我们还会看到有人开着拖拉机割苜蓿或雀麦草。沟渠里长满了向日葵，山上点缀着如灌木般低矮的雪松。

我们时常看到广阔的土地中央矗立着一棵孤独的阔叶树，这些树总能触动我的心。它们是一些事物的象征——我们与生俱来的孤独感或忍耐力。

夜幕降临，树木和干草堆的影子随之拉长，山丘投下了长长的蓝色阴影，五只野生小山雉轻快地从我们面前穿过马路。

我们开车穿过空荡荡的城镇，抵达布罗肯鲍，这是抵达位于霍尔西的国家森林公园之前途经的最后一个"大城市"。这里的恐龙化石创世博物馆有一座用废铁制成的恐龙雕像，旁边有一家达乐连锁商店。位于市中心的神箭客栈是历史悠久的三层楼的酒店，由石头搭建而成。酒店立着一块牌子，上面写着："欢迎斯特吉斯摩托车手光临。"

当接近目的地时，我们停止了交谈，屏气凝神。这些山散发着神性，尤其是在即将日落的时候。我们全神贯注地欣赏着这里的静谧之美。

我们经过霍尔西，进入面积达九十平方公里的森林。我们穿过迪斯默尔河，沿着卢普河中段行驶。卢普河是一条宽阔的棕色河流，蜿蜒流过这片地区。

我们选定了营地位置，搭起帐篷。吉姆用松果和木柴生起篝火。我们一边等待阳光消逝，一边看着火光舞动，各种色彩随之摇曳。

篝火有着悠久的历史，可以追溯到第一次发现如何生火的古人类身上。在余火未尽的木头所发出的微光中，我仿佛看到了祖先的遗骸。他们的生命在我面前燃烧，正如我的生命以后也要在我的后代面前燃烧一样。火焰消失在黑暗中，这是多么美丽的一幅景象。

我这才发现，我是那么喜欢木柴燃烧的烟味、夜鹰的叫声、树木的宽和以及河流的低语。

正当我们看着篝火时，突然听到附近传来缥缈的尖叫声。起初，我们以为那叫声可能来自郊狼或狐狸，但随着声调越来越高，我们意识到那是鸣角鸮的鸣叫。在丛林深处，两只鸣角鸮正一唱一和，它们的二重唱让我脊背颤抖。

晚上十一点左右，为了看到整片天空，我们远离树林，躺在离营地不远的一条路上。由于离篝火比较远，空气清冷，但沥青路面仍然温暖和柔软，我们仿佛躺在地热加温的地毯上。我们听到蟋蟀的叫声。远处，巴菲特先生运煤炭的列车正向东行驶。

望着夜空，我的呼吸也发生了改变。星星之间的距离很近，它们在流动。我觉得，如果我爬上一棵树，就可以触摸到它们。银河就像一团麦芽，就像我年轻时看到的那样。仙后座、北斗七星、北极星和昴星团被大量恒星包围着，它们比在城市里能看到的恒星更难以辨认。我们感觉，如果一个火球从穹顶掉下来，它可能会击中我们的脸。

　　我是浩瀚宇宙中的一粒尘埃，光是出现在这世上，就已经够幸运了。我们的生命很脆弱，就像掠过夜空的小小流星，只发出瞬间的光芒，便消失在黑暗的夜空中。

草莓月 [1]

经过一个月创纪录的高温之后，林肯市迎来了第一个凉爽的夜晚。那天是周日，太阳刚下山，一轮满月便升上天空。我闲来无事，到户外赏月。

坐在草坪折椅上，我深深地吸气，慢慢地呼气。空气中弥漫着青草、谷物和玫瑰的香气。知了在我周围鸣唱。我能听到人们在堤坝上行走的脚步声，还有从十二个街区外传来的车流噪音。湖面上，三艘渔船随着微波轻轻摇晃，渔船上发出一道小小的白光。

彼时，地平线上，科罗拉多州和加利福尼亚州的大火把月亮染成了红色。在旧金山，空气中烟雾弥漫，气温

---

1 草莓月，指每年六月的满月。——译者注

骤升。为了降温，我弟弟杰克只穿着内裤，坐在一台风扇前吹风，身上还裹着降温的冰毛巾。他患有慢性阻塞性肺病，呼吸困难。今天难得林肯市这么凉快，我多么希望他今晚能在这边和我一起乘凉。

蝙蝠和燕子在捕食蚊子，湖里的雨蛙在呱呱地叫着。筑巢的仓鸮从光秃秃的松树上飞到了西边的五针松上。几只鹅飞到湖面上，喧闹了好几分钟，然后才安静下来过夜。

天上的星星零星地闪烁着，银色的月亮从湖对岸的松树顶上升起。皎洁的月光洒落湖面，一艘小渔船在湖面上穿行。

新冠肺炎疫情暴发之前，我从未觉得自己老了。吉姆是音乐人，所以我晚上经常跳舞，还去探望朋友。孙辈几乎每天下午都在我们家的泳池玩耍。整个夏天，我能看到海边的游客来来去去。随着疫情暴发，我把自己的期望像扔五彩纸屑一样扔掉了。

就在今年夏天，我和吉姆还打算去苏格兰拜访我们的老朋友弗兰克和弗朗西丝。弗兰克的健康状况正在恶化，我们想在他离世前和他再聚上一周。当然，这些计划并未成行。这是新冠病毒肆虐的夏天，也是孤独的夏天。

我的生活变得越来越无趣。

　　然而，今年夏天也有值得高兴的事。我的孙女凯特每周二会到林肯出差，下午五点左右她就会来我们家。她先去游泳，然后我们会点中餐外卖。她的朝气让我的心情变得很好。凯特会准时离开我家，她要开九十分钟的车，在天黑前回家。

　　我的朋友简会给我做薰衣草烤饼。我每天都去游泳，早上和女性朋友们一起散步，有时还躺在外面的吊床上看书，或者在花园里干活。日子就这样一天天过去，我大多数时候都很开心。我知道，我是幸运的，因为身体健康，而且家就在公园旁边。

　　八月是动物活动的高峰期。这里有拟黄鹂、草地鹨和红翼鸫，还有青蛙、龟、知了。有时我们家后院会出现一只水貂，有时还能看见郊狼。我经常听到远处传来狐狸的叫声。这些野生动物唤醒了我内心的狂野和自由。

　　八月也是西红柿、茄子、罗勒、辣椒和梨子成熟的月份。我的院子里长满了这些蔬果，但很快秋天就会到来。通常，我都期盼季节的变化，现在却设想独自度过节日的画面，远离亲人，无法外出。我多么希望自己的身体再强健些，能找点快乐的事情做。我很害怕身体会变差。

　　我坐在屋外，那轮深红色的月亮对我施了魔法。月光让我的焦躁心冷却了下来，使我沐浴在平静之中。

我人生中最快乐的时刻大多出现在关注月亮的时候，它就像新生儿的脸一般令人着迷。

"亲爱的月亮奶奶，我多么爱您，谢谢您的仁慈光辉和让人冷静的力量；地球母亲，我也爱您，谢谢您给予我番茄的香味、鸟禽的快乐鸣叫和爱抚的微风。你们一次次地把我从心碎之中拯救出来。我知道，冬天来临时，你们会和我在一起，永永远远在一起。"

草原上的野草

感恩节的早上，我看着空荡荡的屋子，顿时百感交集。记得前几年，家里都是人，有睡在摇篮里的婴儿，还有"帮"我做饭的年轻人。我想起大餐桌上摆放着的鲜花、自制面包、红酒和鸭嘴杯，想起我们晚饭后玩的猜字游戏，就连家里最小的孩子也会参与，还想起大人们在壁炉旁聊到深夜。

今年，我不用把那张大餐桌的活动桌板拖出来，不用擦亮香槟酒杯，也不用买大火鸡了。今年，奥蒂斯的橙色塑料卡车结了蜘蛛网。我们和孩子们视频聊天，但家里只有我和吉姆两个人吃饭。

我喝下一杯咖啡，调整了心态，不再去想我失去了什么，而是思考我当下拥有什么。我确实拥有很多东西——

温暖的房子、附近的湖泊、健康的身体，还有吉姆。

整个早上，我和吉姆都在给今年因为没有出行而无法见面的朋友们打电话。和我们一样，他们中的大多数人都老了一些，也是独自在家过感恩节。我们的谈话很愉快，充满了欢笑和关怀。我们答应他们，等打过疫苗以后就去拜访他们。这些电话交流提醒着我们，即使无法见面，我们也能跟所爱之人保持联系。

后来，我和吉姆开车去了奥杜邦春溪草原（Audubon Spring Creek Prairie）。那是一个阳光明媚的日子，气温大概10℃，天气很适合散步。那里的自然中心当天不开放，但大门是敞开着的，于是我们找到一个专属的游玩场地。

走在这片草原上，犹如回到洪荒时代。这是内布拉斯加州最大的高禾草原，从未被开垦过。我们开车经过一些岩石，它们仿佛冰碛物被挤进大平原。此前，在最大的几块岩石周围，野牛曾围成圈在岩石上瘙痒，在地面上留下一道道深沟——这里被称为"野牛坑"。过去，来自科内斯托加的马车从俄勒冈小道的"齐斯曼捷径"（Cheeseman Cutoff）穿过这片土地，留下许多车辙。我们就从这些车辙之上横穿了过去。

我们在古老的橡树林中漫步，它们的树枝扭曲，缠绕在一起，犹如柳条编织而成的篮子。风穿过树枝，演奏带着杂音的奏鸣曲，硕大的枝干发出"吱吱嘎嘎"的声音。一只红尾鵟在空中寻找猎物。

我们徒步走在辽阔的大草原上。广袤的天空下，起伏不平的群山绵延数公里，山丘被原生态的青草覆盖。这里没有道路，没有耕地，没有电线，我们可以假装自己生活在远古时期。那时，这片土地属于原始人，野牛和狗熊从这片草原穿过。

我们爬上离自然中心最远的山顶。从这个位置，我们能清楚地看到草原松鸡跳交欢舞。山下的草海由大大小小的须芒草、画眉草、柳枝稷和垂穗草组成，还混杂着少量灰毛紫穗槐和小陀螺紫菀，我们从中还能闻到鼠尾草的气味。在明亮阳光的照射下，蓝色的池塘闪闪发光，四周都是已掉光叶子的棉白杨。

我们将最钟爱的景色保留在最后。在草原的最西边，有一片深红色的大须芒草，高达两米。我和吉姆喜欢沉浸在这条须芒草的"河流"之中，我们穿越它，被它包围、爱抚。

我们躺下来，越过两米高的须芒草眺望蓝天。在那一刻，孤独感消失了。

我们看着须芒草在头顶上摇摆，听着柔和的风声。曾有人问鲍勃·迪伦，他歌曲中的"随风而逝"有何含义？他回答说："如果你听过风的声音，就知道是怎么回事。如果你没听过，那我就无法向你解释了。"

听着风，我能听到时间的声音，那是地质时期、动植物时期以及土著民族时期的声音。我也能听到祖先们的声音，他们从苏格兰和爱尔兰出发，穿越海洋与陆地，成为内布拉斯加州的农夫。风承载了所有生物的呼吸和远古人类的骨灰。有时候，我可以在风中听到哭泣，还有的时候，我能听到孩子们的玩耍和欢笑。

躺在地上是与天地万物相连的最佳方式。我们感受着大地的脉动，抬头望着天。我们不再是小小的个体，已与浩瀚宇宙连接。

音乐之光

我的外孙科尔特兰三岁时，我从幼儿园接他放学，然后开车去我们家。我把他放在儿童座椅上，打开国家公共广播电台的频道。广播里正在播放一首巴赫的小提琴奏鸣曲。科尔特兰被音乐所打动，我听到他不时低声说道："真美……真美……"

科尔特兰五岁那年圣诞节，我们早上七点就赶到了他家。约翰、萨拉、吉姆和我跟着科尔特兰走到地下室，看他领取"圣诞老人"送他的最后一份礼物。他看到一整套架子鼓时，顿时呆住了，过了一会儿才蹦蹦跳跳地跑过去。

他身上只穿着印有超人图案的睡裤，直接坐下来玩起架子鼓。我们几个大人一边喝咖啡，一边看他仔细地调试响弦、铙钹和踩镲。然后，我们听他第一次"练习"打鼓。

那一年，他每天都要打好几个小时的架子鼓。

第二年，吉姆给他买了一台电子琴。他每次来探望我们，都会直接冲向电子琴。有时候，他会跟着录制好的曲子和音或打鼓。还有些时候，他会亲自试音或作曲。他在林肯市学过铃木钢琴，后来又在加拿大上了几节课，但大部分时间他都自学钢琴。

我问科尔特兰，在音乐这个爱好上，谁对他的影响最大？他说："爸爸让我认识了音乐，而妈妈让我认识了我喜欢的音乐。"

现在，科尔特兰已经十一岁了，他会弹电子琴，会用"库乐队"音乐创作软件和"水果"编曲软件。他学到了更多与作曲和编曲相关的知识。有了这些技术，他可以从互联网上下载任何他想要的曲子，然后对其进行编辑，并把不同乐器的音轨加入歌曲中。

有一次，我们去加拿大探望科尔特兰，他主动提出教我演奏酷玩乐队的歌曲《科学家》（"The Scientist"）的和弦。我协调能力差，也不懂辨别音调，所以不愿意尝试。然而，科尔特兰坚持不懈地要求我试一下，我只好同意了。他不厌其烦地教我如何弹这首歌的和弦。我好几次都说："我放弃了。"他回答说："外婆，您做得到，求您了。"

经过多次尝试后，我终于做到了。当我紧张地弹着和弦时，科尔特兰站在我旁边，大声唱着歌词："我找到你，告诉你，我有多需要你；告诉你，我多希望把你留在身边。"

科尔特兰拥有高亢的嗓音，他的演唱也很投入。仿佛他是保罗·麦卡特尼，而我在伦敦交响乐团担任第一小提琴手，我为我们的合作感到无比自豪。

十二月的某天早上，我们视频聊天的时候，我请他给我播放一些音乐。当时，疫情在美、加两国的传播达到了新高。他所在的省份被严格封锁了，他无法探望朋友，不能上学或外出游玩。

科尔特兰穿着印有"霍格沃特"（Hogwart）标志的运动衫，坐在那张凌乱的床上，金色的头发盖住他的脸。他先给我演奏了一首他改编的歌曲，那是由电音组合美杜莎（Meduza）和好男孩乐队（Goodboys）合作的歌曲《你的心》（"Piece of Your Heart"）。科尔特兰的版本听起来像牛蛙的叫声，夹杂着很多鼓声和贝斯声。在某个节点上，他会说："外婆，这里是高潮部分（drop）[1]。"后来我问他"高

---

1 在音乐术语中，drop 是指电子音乐最紧张的高潮部分，通常在歌曲的结构中充当高潮或转折点。这一部分常伴随着强烈的节奏、鼓点以及突出的旋律元素。——译者注

潮部分"是什么意思，他说："高潮部分是为了把这首歌的所有元素结合在一起。"

我听科尔特兰演奏的时候，突然意识到他远在两千多公里之外，而我已经有一年多没见过他了。至于何时才能再见到他，我没有概念。他每天都在变化，而我几乎错过了所有这些变化。对孙辈的思念令我的生活失去了光明。

失去孩子和失去父母都是难以接受的事情，但这种事其实屡见不鲜。孩子长大后，就会离开我们，甚至当孩子长到四岁时，三岁的他们也在离我们远去。好在，这些孩子会经常回到我们身边，虽然他们已不是当初离开时的样子，但仍然充满了力量，他们让我们的内心灿烂无比。

当科尔特兰演奏音乐时，我的生活就会明亮起来。我能感受到内心的光，它与我所爱的人产生了深切的联系。我的生命在"高潮部分"，有那么一瞬间，我宇宙中的所有元素都完美且同步地聚集在一起。诚如科尔特兰所说，"真美……真美……"。

拯　救

在我们这个世纪最黑暗的一年中最黑暗的夜晚里，我看到几只鹅盘旋着，它们张开翅膀，降落在霍尔姆斯湖上，日落的余晖把结冰的湖面照成了粉红色。我觉得自己就像法贝热彩蛋[1]一样脆弱，即使是奶昔色的天空也无法抚慰我的心情。

我一直在关注与新冠病毒相关的报道。这种病毒的新型变体的传染性变得更强了，伦敦和英格兰东南部正在封城。看到全世界正在遭受痛苦和悲伤，我痛彻心扉。

我想念我的儿女和孙辈，今年的圣诞节我无法去探望

1　法贝热彩蛋是由俄国著名珠宝首饰工匠彼得·卡尔·法贝热制作的精巧、华丽的蛋型工艺品，共六十九枚，其中最著名的是专门为皇家制作的彩蛋。

他们。上个星期，我在湖边结冰的小路上摔倒了，摔断了几根肋骨。不久后，我听到一位朋友自杀的消息。我感觉心"被压扁了"，仿佛自己是一架无法穿越浓雾、拥抱阳光的飞机。好几天时间里，我的悲伤都无处宣泄。

好在吉姆建议说，我们可以开车在城里转转，看看圣诞节的彩灯。我们开着车，慢慢向旧社区驶去，那里是我们的儿女长大的地方。散发银色光辉的半轮月亮挂于夜空，猎户星座出现在东方的地平线上，西南方向的天空中，土星和水星几乎连接成了一个火球。

在某户人家的院子里，闪烁的绿灯照亮了树木，另一户人家的白色灯光闪闪发光，还有一户人家的彩灯笼罩着树木。我特别喜欢那些点缀着宝石色灯光的高大松树，它们的枝条向外伸展，仿佛在展示自己的曼妙身姿。"来，"它们仿佛在低声对我说，"把这个放进你的心里。"

我们开车经过装饰着彩灯的圣诞鹿摆件和灌木丛，彩灯在雪中闪闪发光，很多户人家采用了新颖的装饰方法。雪花穿过草坪，飞进车库。吉姆降低车速，让我感受那些如珍珠母一般的雪花。

有些三层楼高的旧房子窗户上装饰了电烛，还有些窗户上摆放着圣诞树，它们似乎在宣告："这一家很快乐，庆祝起来吧。"

　　我最喜欢的灯光颜色是蓝色，我们会时不时地看到树顶上闪耀的蓝灯。当开车回家时，我看到了高大的橡树，树枝被五彩缤纷的灯光照亮，那些灯光就像从天而降的星星。色彩鲜艳的光线透过树枝落到雪地上，也刚好照在我身上。时势越艰难，我们就越需要让心情尽情释放。吉姆停下车，我走下了车，打开阴郁的心门，让彩虹般的光线倾泻进来。

第八部分

智慧之光

他们是否会记得？

　　将来，孙辈们是否会记得，当他们还是婴儿的时候，我曾把他们带到户外去看天空和绿植？他们是否会记得，我用花朵挠他们的小脸蛋，吹散蒲公英的绒毛给他们看？他们是否会记得，我带他们去抚摸树皮和蕨类植物，用脚趾去感受雨水？

　　他们是否会想起我们家里来回摆动的古老木摇椅？是否会记得我们下午躺在松树下的吊床里，一边摇晃，一边看书？有一次，我看了凯特的二十六本书，看完后，她要我再看一遍。

　　孩子们是否会记得，我抱着他们在房子里四处走动，指着那些东西对他们说"书，猫咪，香蕉"？

　　当他们给自己的孩子换尿布时，是否会唱些流行曲调来防止孩子扭动着挣脱尿布? 当他们给孩子喂饭时,是否会唱起我曾经给他们唱过的韵词:"张开嘴巴,闭上眼睛,吃点东西,变得聪明。"

他们是否会记得,他们在夏夜凌晨三点醒来,我把他们带到户外,躺在毯子上,给他们讲关于星星的故事?

他们是否会记得,他们两岁生日时,我和吉姆送给他们一本观鸟指南,我们花了好几个小时去看这些书,还在IdentiFlyer网站上播放鸟鸣声?

他们是否会记得,我们到野外徒步时每个人都带着一个纸袋,捡拾鲜艳的叶子、漂亮的岩石、橡子和荚果? 他们是否记得,我们用三叶草制作了小项链?

他们是否会记得,我们翻开岩石寻找西瓜虫、蟋蟀和千足虫? 他们是否会记得,我们用捕蝶网在草地上捉蝈蝈和蚱蜢? 我们把它们放在一个带气孔的罐子里,然后在网上查找它们的名称。后来,我们把一只蚱蜢弄伤了,科尔特兰说:"我们不要再这样做了。"

他是否还记得那天的情形?

他们是否会记得,我们给所有野生动物都起了名字? 我们给两只绿头鸭起名"肉桂"和"薄荷",给负鼠起名"闪烁"和"闪耀"?

孩子们是否会想起我们的烹饪课？他们是否会记得，他们站在自己专用的凳子上，我教他们如何把水倒进陶罐里，然后放入四个茶包？他们是否会记得，喝完太阳茶[1]后，他们学习了做水果沙拉和鳄梨酱？他们是否会记得，我们用葡萄干和杏干做的笑脸吐司，以及用从越南杂货店买来的虾片油炸出彩色的"花瓣"？

他们是否会记得，农贸市场里卖石头的那位老兵？他很有耐心，任由孩子们把玩他的石头，想玩多久就玩多久，直到他们出钱买回一小袋自己喜欢的石头。

他们是否会记得，八月的午后，吉姆爬上我们家高高的桃树，摘下桃子扔给我们，我们跑到树下，尝试用捕蝶网兜住桃子？

孩子们是否会记得我曾讲的关于拉夫里家和麦加里格尔家的故事？这两个家庭是极端行为的集中体现。每当我们第一次做某件事情时，比如参观博物馆或打迷你高尔夫球，我会提醒孩子们麦加里格尔家的淘气包所做的各种不当行为，然后告诉他们，拉夫里家的孩子是如何正确地做这件事的。

---

1 太阳茶，是一种通过将茶叶浸泡在阳光下暴晒的水中制作的茶饮。

　　他们是否会记得，我们让核桃从山坡上滚下，看谁的核桃滚得最快？他们是否会记得，我们在户外玩捉迷藏游戏，萤火虫在我们周围闪着微光？

　　他们是否会记得，我们在游泳池里戏水？他们是否会记得，我摘下新鲜的树莓，然后像喂金鱼一样把树莓放进他们嘴里？他们是否会记得，在户外玩过家家时，我扮演"餐厅"的顾客，而他们笨手笨脚地处理我所有的订单，往咖啡里放番茄酱，或者在冰激凌圣代上面放菠菜，最后我们一起哄堂大笑？

　　他们怎会忘记那些棒冰聚会呢？我们裹着浴巾，阳光穿过松树，照在我们瑟瑟发抖的四肢上。他们又怎会忘记，我们游完泳之后，用快凋零的木槿花来了一场"鲜花大战"？我们每个人的面前都摆了一小堆木槿花，从一数到三，我们就用柔软的花朵相互"轰击"。

　　他们是否会记得，艳阳高照的夏日里，游泳池的水面在阳光下波光粼粼？

　　他们是否会记得，我们所做的每一件事都如此神圣，充满仪式感？

　　记得这一切，对我们来说有多重要呢？

　　我记得上面的每一件事，还有其他很多很多的事。

冬天的月亮

　　元旦这天傍晚，我和吉姆走在霍尔姆斯大坝上。冬天的天空是银粉色的，大坝长长的蓝色阴影落在雪地上。我们能听到冬天才有的声音。鹅从我们头顶上飞过，去寻找开阔的水域。湖面上有零零散散的人在溜冰，还有人在破冰钓鱼。大坝上到处都是玩雪橇的孩子，他们穿着鲜艳的外套和靴子，远远看去就像婚礼或庆典上抛撒下的五彩纸屑。

　　我们看到一个戴着红帽的小男孩，他坐着雪橇从大坝的陡坡上滑下来，之后就不愿意站起来了。他的父亲拿起雪橇，帮他把全身上下检查了一遍。看他没有受伤，于是父亲伸出手想拉他起来，但男孩摇摇头，转过身去。父亲耸了耸肩，冲上大坝又滑了一次。其他人从男孩身边"嗖嗖"地滑过，高高跳起，然后吃力地走回坝顶。那个男孩就躺在雪地里，扭动着身体，表示需要帮助。

此情此景让我想起了这周早些时候发生的一件事。那天黄昏时，我和吉姆跟平时一样在喝葡萄酒，突然听到警笛声从四面八方传来。红色和蓝色的灯光闪烁着，从四周汇聚到湖面。我们数了数，一共有九辆救援的专用车，包括救护车、消防车和警车。我们看见有些人拿着担架和绳子朝湖面跑去，似乎有一名垂钓者从冰面掉进水里了，他紧紧抓住一个小架子等待救援。遗憾的是，天太黑了，我们看不见结冰的湖面上发生了什么。救援车一辆一辆地离开了现场。吉姆注意到，警笛没有再响起，也没有灯光闪烁了。我们很好奇，想知道这是否意味着那名垂钓者已不幸遇难了。

我一边思考着这两件事，一边看着杏黄色的满月从结冰的湖面和白雪覆盖的大地上升起。后来我知道，这两个故事都有着完美的结局。小男孩最终站了起来，红帽子里放着矮胖的雪人"弗洛斯蒂"[1]。他振作起来，穿过雪地，朝

---

1 "弗洛斯蒂"（Frosty）出自一首流行的圣诞歌曲《雪人弗洛斯蒂》（"Frosty the Snowman"），讲述了一个名叫弗洛斯蒂的雪人，戴着一顶魔法帽子活蹦乱跳，和孩子们愉快玩耍后道别。

家人走去。那个掉进冰水里的男子，因体温过低被紧急送往医院，他活了下来，后来又去钓鱼了。

不知为何，那个小男孩和垂钓者似乎象征着某种东西，这种东西也许不比"人生是一场搏斗"更复杂。又或者，他们象征着"我们都在等待救援"。

尽管我能与那个摔倒的男孩和掉进冰湖的垂钓者产生共鸣，但也许我更愿意做一名雪橇手，用力从坡上滑下来，速度越来越快，投入到某种新鲜而神奇的事物中。

最近，我的孙女凯特要我在疫情结束后带她去欧洲旅行。我对她说："我如果能活下来的话，肯定会带你去。"

未来某天，我会带凯特去巴黎和伦敦的书店，吃当地的羊角面包和司康饼。我们要沿着塞纳河和泰晤士河散步，还要参观大英博物馆和凡尔赛宫。

然而，此时此刻，冰面上掠过的月光是一种救援。我和月亮坐在一起，直到剩下的只有月亮。

智慧之光

2021年2月中旬，过去一年的所有痛苦都到了无以复加的程度，也许这是因为疫苗稀缺，政府提醒民众注意病毒变体的危险，再加上美国国会对唐纳德·特朗普的第二次弹劾案作出了表决，还有长达一年的隔离、半米厚的积雪，以及连日低于零下20℃的气温。月底，我的外孙奥蒂斯满七岁。我们通过视频通话举办了生日聚会，但我知道，我们错过了他六岁这整整一年的光阴。

这段日子里，我内心感到悲伤，非常渴望和家人在一起，对家人的思念令我难过。我身体的一部分仿佛进入了冬眠，等待着儿女和孙辈与我联系，把我唤醒。

一天，我正坐着喝咖啡，内心深处突然有个声音喊道："够了！"

"别再自怨自艾。别再把快乐的力量放在孩子们的手中。别再一心两用。别再等待团聚。快乐起来吧，就是现在，就在这里。生活是美好的。"

后来，当我冥想时，我感受到了自己跳动的心。谢天谢地，它跳动得很平稳。我深刻地意识到，当心脏停止跳动时，我就结束了。

我思考佛教所说的"三毒"，即贪、嗔、痴。一直以来，我都明白愚痴和嗔恨是危险的，但贪爱居然也被视为一种毒，我就很难理解了。

难道"贪爱"不是"爱"的代名词吗？不是我一生都在寻找的吗？当我感受到为人所爱时，难道不快乐吗？然而，佛教中的"贪"指的是令我们产生欲望和渴望的任何情感。现在我终于明白了，我对儿女和孙辈的爱以及对他们的持续思念是我痛苦的根源。要摆脱这种痛苦，我必须学会放手，接受我无法改变的局面。

接下来的周日，也就是中国农历大年初三，我听到了一个关于佛陀的故事。他和弟子们坐在树下，这时候，一位农夫走过来，说他丢失了六头牛，问佛陀是否看到了那些牛。佛陀说没有，他又问弟子们是否见过这些牛，所有人都摇了摇头，表示没有见到过。农夫哭着走开了，边走边喊："我完蛋了。这些牛是我的全部财产。"

佛陀转身对弟子们说："想想你们运气有多好，因为你们没有牛，也就不会发生牛走丢的情况。"

我要放开手里的那只"牛"。

我没有时间可以浪费。每一天都让我心存感恩。只有不再整天挂念远方的孩子们，这种痛苦的思念才会结束。萨拉一家人没有搬回内布拉斯加州；凯特已经离开家，去读大学了；而艾丹到明年九月份也会离开家；克莱尔读大三，正忙着体育和学业。这五个孩子再也不会在游泳池里围着我玩了。除了吉姆，我不再是任何人生活的中心。从现在开始，我俩大部分的时间都要相依为命。未来的某天，我俩当中的一个人就要独自面对这个世界。

世间的一切都离不开这个过程，我们留不住任何东西。

我曾对一位朋友说："从本质上讲，人生是一场悲剧。"她回答说："不，从本质上讲，人生是无常的。"道理我们都懂，但很难接受。

我发现，人们很难接受孩子成长并离开父母这一生命的循环。在这个循环中，父母变得越来越边缘化。每当我和家人们聚在一起，他们就是我快乐的源泉，但如果我需要并想念他们，那就是备受煎熬的事。

对我而言，与家人的关系就好像一件生死攸关的大事。然而，我不再是那个没有母亲陪伴、生活在房车里的小孩，也不再是独自住院、被医生强迫打针的少女。我可以不再去等待一些永远不会发生的事，免得让自己变得不开心；也可以跟自己和解，不再有那么多想法；还可以不再与现实争高低，坦然接受生活的本真。这种感性和理性的顿悟让我心里舒服了好多。

作为成年人，我们从不想着去满足自己年少时未实现的需求，我们甚至无法满足当前的所有需求。然而，我们可以获得一些技能，来重新考虑自己的很多需求。只有当我们知道自己想要什么时，我们才能感到快乐。

当领悟到这个道理后，我感到如释重负。紧张感从我的身体倾泻而出，我的呼吸变得更深、更慢。在接下来的几天里，我注意到自己轻松多了，不再做与迷失、遗弃和颠沛流离有关的噩梦。我不再苦苦等待。更多时候，我关注当下，接受无常，并对眼前的事物心怀感恩。我已放下执念，放开了心中的那只"牛"。

至少目前是这样的。

我们要不断地从变幻无常的人生中学习。

儿子的厨房

接种第二针疫苗的两周后，我和吉姆驾车西行一百四十多公里，去给我们的儿子庆祝五十岁生日。2020年夏天，我们探望过齐克一家，当时在户外活动。但这次是疫情暴发以来我们第一次能够拥抱他们，并在他们家里用餐。

去年，我们失去了自己所珍爱的人，杰米和齐克也感染了新冠病毒。但现在，我们带着布里干酪和新鲜的鱼到齐克家烧烤。我们又聚到了一起。

我们刚到时，齐克和杰米一家就出来欢迎我们。我们相互拥抱，比过去抱得更紧、时间更长了，我根本不想松开手。然后，按照惯例，我们先去查看后院，发现第一批芦笋已经冒出来了，红色和绿色的大黄也已破土而出。

鸡舍空空荡荡的。我们站在鸡舍旁，查看从我们家院子移植到这里的树莓藤。在这个崭新的、绿意盎然的春天里，我们站在院子里聊天——我不认为这是理所当然的事情。为了这一刻，我已经等待了太长时间，而现在，它终于来了。我体内的血液仿佛是由香槟酿造的，我像个傻瓜似的露齿而笑，甚至没有想过做任何掩饰。在斜阳照射下，所有东西都像镀上了一层黄金。

　　克莱尔和艾丹刚参加完田径训练回到家中，见到我们时还有些羞涩。艾丹的身高已经超过吉姆了，由于经常参加学校的体育活动，又从事建筑工作，他的肌肉很发达。克莱尔的金发颜色变得更深了，她把头发盘成了一个发髻。她身高超过一米八，比哥哥姐姐都高。与我们上次来相比，她现在更成熟了。

　　不久，我们就坐在厨房的岛台旁，看着齐克和杰米准备晚餐。克莱尔坐在我身边，每隔几分钟就拥抱我一次。齐克给鱼抹上香料，然后切好蔬菜，准备做沙拉。看到这一幕，我感觉既熟悉又奇妙。我回到了现实生活中，不以任何屏幕和设备作为媒介，我又生活在充满活力的感官体验中。

　　艾丹告诉我们，他决定去丹佛上大学。我们说，丹佛那里有很多山，他可以享受到户外的乐趣，比如徒步旅行、飞钓和滑雪。我对他说，等我们去丹佛看他的时候，要去布朗宫酒店吃饭，他可以穿上自己为毕业典礼买的蓝色西装。

吃晚餐前，齐克带领大家做祷告。他感谢上帝，让我们家人团聚。"阿门，"我跟着说，"阿门。"

我们握着手，环视四周，看到彼此都春风满面。然后，杰米递来蔬菜沙拉，艾丹举起沉重的大鱼盘。我们一边大快朵颐，一边相互打趣，席间欢声笑语不断。这顿饭是如此平常而又美妙。

322

饭后，杰米端来一只"格雷伯爵"蛋糕，蛋糕上插着五支长长的金色蜡烛。唱完《生日快乐歌》后，我们开始玩属于我们的传统游戏：每个人说一个可以描述寿星齐克的单词。游戏结束时，我们都已热泪盈眶。

我们早早地道了别，因为那天是工作日，孩子们需要学习。我们开长途回了家，虽然身体很疲惫，心里却无比快乐。过去我一直认为"**家**"是最美丽的词语，但现在我改变主意了，"**团聚**"才是最美丽的词语，也许它们是同一个意思。

当然，我爱我的儿子和他的家人。当我们相聚时，我能感受到一种温暖的亲情连接。然而，和他们相聚的时间只是我生活中一个很小的组成部分。我和吉姆跟儿子一家人说了再见，又回到自己的生活中，而他们也迅速回归一种与我们截然不同的生活方式。团聚是一种既快乐又痛苦的人生体验。我为与亲人重逢而高兴，同时也意识到我们很快又要分离。对我们一家来说，"**接受现实**"同样是一个美丽的词。

鹤形彩虹

　　三月的某个大风天，我和吉姆收拾好行李，去看沙丘鹤迁徙。对我们来说，这是一年一度的"朝圣"之旅。我们把双筒望远镜、靴子和大衣装进旅行包，还带上了新鲜的树莓以及作为餐后甜点的巧克力曲奇，这样我们就可以在户外野餐了。

　　下了一个星期的雨后，太阳终于出来了。田野和树木仍然是棕色和灰色的，但在蓝河（Blue River）的西侧，农民们种植的冬小麦在阳光下闪耀着绿色。

　　我们开车经过旧农场，生锈的风车仍矗立在破败的建筑物旁。老一辈定居者建造的谷仓屹立不倒，以前的住房屋顶上往往还会长出树来。我们路过一片又一片草原墓地，那是一百五十年前由拓荒者家庭建造的。当地的一些老人和孩子从未见过城市，他们生于斯，死于斯。部分德国裔、瑞典裔和捷克裔的大家庭曾居住在那里。每一座破败的农庄和墓地都有一个我渴望知道的故事。

我们驱车路过约克镇的换道口，开始像往常一样打赌："谁会先看到沙丘鹤呢？"

沙丘鹤是一种通体灰色并缀有褐色和白色的鸟类，头上有一个鲜红的斑点。它们可以长到一米二高，翼展可达一米八。它们善于伪装，很容易消失在灌木丛、树木和冬天里颜色暗淡的草丛中。寻找沙丘鹤不是件容易的事，除非你之前尝试过几次。

一万年来，每年三月，这些华丽的鸟儿都会沿着沙漏型的北美大陆中部路线迁徙。"沙漏"的中央是绵延八十公里的普拉特河沿岸，那里离我家大约有两个小时的车程。

吉姆发现了第一批沙丘鹤，它们在北边的一片玉米地里。每当发现沙丘鹤时，我们都会深感震撼，这种新鲜的感受每年都有。

我们在阿尔达镇的出口下高速，沿着普拉特河沿岸的乡村小路行驶。一匹帕洛米诺马站在田地里，周围零零星星地堆放着像面包块一样的干草捆。刚出生的小牛犊在平静的母牛身边喝奶。牛、马和沙丘鹤的生活节奏很慢，为了适应它们的动作，我也放慢了车速。

普拉特河流经这片区域时，河道变宽了，河水变得更浑浊了，它裹挟着融化的雪水，流速更快了。河的两岸矗立着古老的棉白杨树，牧场上点缀着带有奇异绣绿色的低矮雪松。深褐色的雨水填满了沟渠，但在午后阳光的照射下，水面闪闪发光。

我们站在一个户外"剧场"之中，沙丘鹤在周围鸣叫。它们从我们头顶飞过，鸣叫声从四面八方传来，它们似乎同时在咕咕、啁啾地叫着。那是古老的声音，像海浪声一样天然而悦耳。

我们遇到了另一群沙丘鹤，于是停下车来。它们从我们头顶飞过，在麦茬上投下阴影。落地时，它们张开翅膀，头往前伸，像飞机一样贴地滑翔，落地过程中一直摇摇晃晃的，看起来很笨拙，它们的遗传密码中好像没有降落的指令。

和往常一样，草原的风呼呼地吹着，我们尽管裹着毯子和外套，还是很快就感觉到了寒意。不过，我们依旧站在车外面。

我们两个"朝圣者"身处"圣地"，再次目睹了奇迹，沉浸在这浩瀚无垠和神秘之中。我们所看到的和听到的，无法用语言来描述，它比语言更美妙，比我们更伟大。

傍晚，我们把车停在离罗伊禁猎区（Rowe Sanctuary）1.5公里远的一条土路上。在我们的右边，我们可以看到普拉特河上的沙洲，它们在静候沙丘鹤的到来。如同大多数傍晚，沿着河岸的棉白杨闪烁着太阳投下的光芒。不知为何，河流的水声、白杨树的声音和沙丘鹤的叫声都成为一种声音。

我打开野餐袋，我们在全世界最好的户外餐厅享受了一顿大餐。左边的田地里站着一群沙丘鹤，它们聚在一起，等待日落后飞到河中央的沙洲上。就在我们观赏美景时，数百只沙丘鹤降落地面，有些跳起舞来，有些跳到空中，和其他同伴一起拍打翅膀。

这时候，有一只沙丘鹤刚刚落地，翅膀完全展开，变得半透明起来。光穿透它的身体，留下一道细细的水银色轮廓。我看到了一个发光的"鹤形彩虹"。

这一幕发生得非常快，仿佛只有一毫秒的时间，光线在它张开巨大的翅膀之际透了过去。还没等我完全反应过来，"鹤形彩虹"就消失了，但我看到了它，这是不容置疑的。这一奇迹倏忽而逝，却永远留在了我的记忆中。

我思忖着："我之所以能看到这些奇迹，到底是因为我比别人更专注，还是因为伟大的宇宙意识向我敞开了心扉？"

我们永远能看到的光

我们就好像重写的羊皮书卷，人生故事覆盖在一万代祖先的人生故事之上，而我们很快也会加入他们的行列。我们的身体承载着前人的所有创伤、幸福、挫折和坚韧。我们生于某个特定时间、特定地点，并融入这个由集体意识组成的多彩的调色板中。

各种遗传学因素、环境和选择给了我们一种身份。我的人生是由 KOA 广播站的喷泉、蜻蜓的奥扎克斯湖、比弗溪、康科迪亚的沙坑、儿子的球赛、女儿的小提琴演奏会和无数接受我心理治疗的客户组成的。我听过的所有音乐、读过的所有书都体现在我身上，亚伯拉罕·林肯、薇拉·凯瑟、释一行禅师和妙音乐队都是我人生的组成部分。

还是婴儿的时候，我望着树叶间斑驳的阳光，我的人生故事就此开始。在婴儿和少女时期，我完全依赖家庭对我的爱，但到了十岁的时候，我便知道如何寻找我爱的人并与之建立关系，我还学会通过动物、河流和树木来安慰自己。阅读也是一种寻求慰藉的好方法，它构建了我对世界的看法，推动了我的道德想象。跟很多孤独的孩子一样，我强化了自己与地球、天空和月亮的纽带关系，它们就像我的父亲、母亲和祖母。

如今，我已年近八旬，我在尽可能地向童年的生活模式靠拢着。我喜欢和家人在一起，到目前为止，我已经跟女儿一家人团聚过了。我们能够再次聚在一起，像小时候那样共度我无比喜欢的属于家庭的假期。夏天，天刚亮我就醒来了，我到户外喝咖啡，看兔子和松鼠玩耍，探望朋友们，下水游泳。我很喜欢屋后的木制平台、门廊、藤架和户外咖啡厅。夏天，我躺在吊床上看书，一直看到天黑下来、无法辨认纸上的文字为止。现在，我仍然十分喜欢沐浴在穿透树叶的斑驳阳光之中。

好运一直很眷顾我。我的生活中满是好书、好音乐、好人，以及内布拉斯加州的广袤土地。我想过一种充满爱的生活，而在大部分时间里，我都拥有着爱。

疫情让我感受到了极度的孤独，所有事都不在我的控制中，这种感觉和小时候自己被父母遗弃在密苏里州的房车里的感受一样。疫情刚开始时，封城带来的隔离感让我崩溃，寒假期间的我麻木又难过。然而，我知道，我不能再让我的幸福依赖于外部环境，生活要继续下去，唯一的途径就是成长。

平凡的幸福取决于当下的处境。我们喜欢带着狗一起去散步，或者看一部精彩的电影。我们为朋友准备卡津菜[1]，或者一起去海滩度假。深刻的幸福与处境无关，它与我们的专注力有关。这次疫情的经历如一位伟大的老师，让我懂得了家的真正含义：当一切变得黑暗时，家会赋予我们光明。

无论我们的处境如何，只要努力尝试，我们都能学会控制自己的专注力。我们有能力为自己的幸福负责，正视自己的内心，去寻找那道我们永远都能找到的光。一位精神矍铄的朋友曾告诉我："我脑子里装的全是能够让我快乐的事。"

我不再是那个在房车里等待被"救援"的小孩，也不

1　卡津菜，由卡津人（美国路易斯安那州的法国后裔）发明的一种菜系，采用本地食材并融合了西非、法国和西班牙的烹饪方法。

再是那个独自在医院拒绝打针的女孩。现在，我的年纪与母亲去世时的年纪差不多，就像诗人麦克利什根据约伯的故事所写的诗剧《J. B.》，我正学习通过"吹开心中的阴霾"来寻找光明。

我学会了关注我所遇到的每一样美好的事物。我不再期望从这个世界得到太多，不再把自己所拥有的视为理所当然。我学会了"投降"。

我回想起哥斯达黎加之旅的可怕经历。当我体力下降并漂离海滩时，我向大海"投降"，这一举动救了我。接受命运本身就是一种救赎。

我们面对的最大挑战是应对无常的人生。幸运的是，生活是一位伟大的老师，它不断地教我们从失去中学习。有时候我接受无常，有时候又抗拒它。大多数时候，我过着双重人格般的生活，我可以一天比一天快乐，但也意识到我们造成的悲剧。

大多数时候，无论外部环境如何，我都能找到光。我努力不浪费人生中宝贵的任何一分钟，我不能因为自己的渴望而再度失去人生中宝贵的任何一天。

我想起外祖母，1918年流感肆虐时，她住在一间没有自来水的房子里熬了过来。在那之后，她还安然无恙地度

过了"黑色风暴""大萧条"和两次世界大战。她是"尽
人事，听天命"的最佳范例。令人惊讶的是，我到了这个
年纪，生活方式竟然也和她差不多。我拥有一座花园、几
棵桃树、朋友和家人，还有书。

寻找光明并不意味着要拒绝黑暗。我尽量避免事无巨
细地管理自己的情感。如果感到心碎了，我就让自己心
碎。如果伤心、愤怒、困惑或绝望，我就让自己去感受这
些情绪。唯有如此，我才能成为一个坦诚而真实的人。不
过，即使在尝试与苦痛做伴时，我也知道它迟早会结束。
与其他事物一样，苦痛也是无常的。

我们不一定能永远得到他人的爱，但可以永远把爱给
予他人。这是我们的福气。玛格丽特·米德写道："成长
意味着走出自我，珍惜现实世界的生活。"若能做到这点，
等待我们的将是快乐和惊喜。我们面对当下的重大挑战
时，就会感受到一种巨大的活力。

就在我领悟到"放开手里的'牛'"那一刻，我感觉
释然了。吉姆开玩笑说，我一直在毫无成效地原地绕圈
子，根本没有解决问题。他的话不无道理。然而，我认为
自己所兜的"圈子"是螺旋上升式的，随着时间的推移，
我变得更快乐、更平静，对自己和他人也更友善。这正是

我想要的。

僧团的冥想和正念练习帮助我专注于感官体验，关注身边的美好事物。这些练习让我为奇妙的体验做好了准备。成为一名发展心理学家对我也颇有帮助，这让我知道在生命的这个阶段，我只有学会放手，才能继续成长。

而光，是最能让我陶醉的事物。就好像今天早上，太阳从湖面上升起，在阳光的照耀下，湖面的雾从乳白色变成粉色，最后变成冰蓝色。我睁大眼睛，目睹着这充满神性的一切。

很多时候，这世界看起来就像莫奈的油画。我买了一副三棱镜，每当太阳出来，只要找到正确的角度，我就可以沐浴在"彩虹"当中。我既寻找外在的光，也寻找自身内在的光。内在的光让我懂得天无绝人之路，自我拯救的可能性是永远存在的。

然而，这个想法也有自相矛盾之处。我们根本不是真正独立的自我，我们与生命中的一切紧密相连。在最真我的瞬间，"我"消失了，融入那道光之中。

爱因斯坦提出了反映质量与能量之间关系的质能方程。这是他理解能量与物质的关系的方式，而我以另一种方式去理解这种关系。物质是我们的血液和骨骼、我们的亲人和自然世界，能量是光、爱、意识和上帝。美好的事物就在我们身边，无限且永恒。只要朝光的方向望去，我们定能明白这一点。

　　亲爱的读者，你也可以写下自己的故事，去记录自己生命中的那些光。

致 谢

感谢吉姆、我的家人和朋友，以及已经合作了三十年的"草原鳟鱼"写作小组。

感谢我的读者们，感谢萨拉·吉列姆、简·伊赛、吉姆·皮弗、奥伯里·斯特雷特–克鲁格和简·泽格斯–伦斯。

感谢为我提供帮助的亚历山德拉·比塞尔以及我的编辑助理莎朗·肯尼迪。

和以往一样，我还要感谢我的好友、合作了三十年的杰出经纪人苏珊·李·科恩。

非常感谢我的编辑南希·米勒和布鲁姆斯伯里出版社的出色团队。

我爱你们所有人。